U0269219

清华

科技大讲堂丛书

Web前端开发技术实验与实践

HTML5、CSS3、JavaScript（第4版）

储久良◎著

清华大学出版社

北京

内 容 简 介

本书分为上、下两篇，上篇为实训（课内同步实验），包括 HTML 基础（Web 前端开发环境配置与 HTML 基础，格式化文本、段落与列表，超链接与多媒体文件应用）、页面布局技术（DIV＋CSS 综合应用、DIV＋CSS 布局规划、表格与表格页面布局、表单页面设计）、HTML5 基础与 CSS3 应用、JavaScript 应用（JavaScript 基础应用、JavaScript 高级应用、JavaScript 事件分析、DOM 与 BOM 应用案例、HTML5 高级应用案例），内含 13 次实训、41 个实训项目、26 个课外拓展训练项目；下篇为实践（课程设计），包括高校网站设计、企业网站设计和社会团体网站设计 3 个典型案例。

本书结构合理，实训项目设计由浅入深、循序渐进、经典实用，实验过程详细，实训项目切合实际，真实性强。

本书可作为高等学校数据科学与大数据技术、计算机科学与技术、软件工程、信息管理与信息系统、网络工程、物联网工程、信息科学技术、数字媒体技术及其他相关专业或计算机公共基础的"网页设计与开发""网页制作""Web 客户端编程""Web 前端开发技术""Web 应用开发"等课程实验与实训教材，也可作为从事 Web 开发相关工作的工程技术人员的参考书。

图书在版编目（CIP）数据

Web 前端开发技术实验与实践：HTML5、CSS3、JavaScript/储久良著. —4 版. —北京：清华大学出版社，2023.1（2024.8重印）

（清华科技大讲堂丛书）

ISBN 978-7-302-61542-2

Ⅰ. ①W…　Ⅱ. ①储…　Ⅲ. ①超文本标记语言—程序设计 ②网页制作工具 ③JAVA 语言—程序设计　Ⅳ. ①TP312 ②TP393.092

中国版本图书馆 CIP 数据核字（2022）第 143842 号

策划编辑：魏江江
责任编辑：王冰飞
封面设计：刘　键
责任校对：时翠兰
责任印制：杨　艳

出版发行：清华大学出版社
　　　　网　　　址：https://www.tup.com.cn，https://www.wqxuetang.com
　　　　地　　　址：北京清华大学学研大厦 A 座　　　邮　　编：100084
　　　　社 总 机：010-83470000　　　　邮　　购：010-62786544
　　　　投稿与读者服务：010-62776969，c-service@tup.tsinghua.edu.cn
　　　　质量反馈：010-62772015，zhiliang@tup.tsinghua.edu.cn
　　　　课件下载：https://www.tup.com.cn，010-83470236
印 装 者：定州启航印刷有限公司
经　　　销：全国新华书店
开　　　本：185mm×260mm　　印　　张：15.75　　　　字　　数：395 千字
版　　　次：2013 年 6 月第 1 版　　2023 年 1 月第 4 版　　印　　次：2024 年 8 月第 6 次印刷
印　　　数：57001 ～ 60000
定　　　价：45.00 元

产品编号：094728-01

党的二十大报告中指出：教育、科技、人才是全面建设社会主义现代化国家的基础性、战略性支撑。必须坚持科技是第一生产力、人才是第一资源、创新是第一动力，深入实施科教兴国战略、人才强国战略、创新驱动发展战略，这三大战略共同服务于创新型国家的建设。高等教育与经济社会发展紧密相连，对促进就业创业、助力经济社会发展、增进人民福祉具有重要意义。

本书是中国大学出版社图书奖优秀教材、首批江苏省优秀培育教材《Web 前端开发技术——HTML5、CSS3、JavaScript》(第 4 版·题库·微课视频版)的配套实验与实践教材。

随着高校转型发展的需要，应用技术型大学(学院)需要培养更多与行业对接的应用技术型人才，更加注重毕业生的实践能力、工程能力及创新能力的培养，所以加强实践环节建设、强化应用技术型高校实践教材建设的工作尤为重要。结合 IT 行业发展的需要和各类高等院校实际教学的反馈，作者在保持第 3 版教材原有特色和编写风格的基础上，根据《Web前端开发技术——HTML5、CSS3、JavaScript》(第 4 版·题库·微课视频版)教材的知识体系结构，对实验与实践教材的体系结构重新进行适应性修订，增加思政案例方面的实训项目，并对所有的实训项目进行优化，更新和优化部分课外拓展训练项目，以期满足专业教学和实践技能培养的需要。

1. 本书特点

本书结合国内流行的 Web 前端开发工程师的岗位需求，将岗位技能培养和专业知识学习融入实训项目中，使读者在项目实战中得到锻炼和提高。全书根据 Web 前端开发工程师所必备的知识与能力要求统筹规划了 13 次实训，精心设计了 41 个经典实训项目。实验与实践教材在改版中始终坚持"项目化设计、案例式驱动、过程式指导、探究式实践"的原则，合理编排实验内容，循序渐进，并将 CSS 技术贯穿到所有实训项目中，实现 HTML5、CSS3、DIV、JavaScript、DOM 的完美融合。通过真实案例深入剖析网页布局的思路和方法，启发式引导学生自主地完成实训项目。

2. 本次修订内容

第 4 版修订共规划了上、下两篇，五部分，第一部分为 HTML 基础，第二部分为页面布局技术，第三部分为 HTML5 基础与 CSS3 应用，第四部分为 JavaScript 应用，第五部分为网站设计。上篇包含 13 次实训，分别为实训 1 Web 前端开发环境配置与 HTML 基础，实训 2 格式化文本、段落与列表，实训 3 超链接与多媒体文件应用，实训 4 DIV＋CSS 综合应用，实训 5 DIV＋CSS 布局规划，实训 6 表格与表格页面布局，实训 7 表单页面设计，实训 8 HTML5 与 CSS3 应用实战，实训 9 JavaScript 基础应用，实训 10 JavaScript 高级应用，实训

11 JavaScript 事件分析,实训 12 DOM 与 BOM 应用案例和实训 13 HTML5 高级应用案例。下篇规划了 3 个课程设计案例,主要运用 HTML5、DIV、CSS3、JavaScript 等技术构建网站。

本次修订将实训项目总数增加到 41 个,具体修改内容如下。实训 1 中原 5 个实训项目全部更新,其中思政类项目 2 个;优化 2 个课外拓展训练项目。实训 2 中原 4 个实训项目更新 3 个、优化 1 个,其中新增思政类项目 3 个;优化课外拓展训练项目 1 个,更新思政类项目 1 个。实训 3 中原 4 个实训项目更新 3 个、优化 1 个,其中新增思政类项目 1 个;优化课外拓展训练项目 1 个、更新思政类项目 1 个。实训 4 中原 2 个实训项目全部优化;优化课外拓展训练项目 2 个。实训 5 中原 2 个实训项目更新 1 个、优化 1 个;优化课外拓展训练项目 2 个。实训 6 中原 2 个实训项目全部更新;优化课外拓展训练项目 1 个、更新 1 个。实训 7 中原 2 个实训项目全部优化;优化课外拓展训练项目 2 个。实训 8 中原 4 个实训项目更新 1 个、保留 3 个;优化课外拓展训练项目 2 个。实训 9 中原 3 个实训项目更新 2 个、优化 1 个;优化课外拓展训练项目 2 个。实训 10 中原 3 个实训项目全部更新;优化课外拓展训练项目 2 个。实训 11 中原 2 个实训项目全部优化;优化课外拓展训练项目 2 个。实训 12 中原 2 个实训项目删除,新增 4 个实训项目;更新课外拓展训练项目 2 个。实训 13 中原 4 个实训项目全部优化;优化课外拓展训练项目 2 个。

3. 主要内容

第一部分　HTML 基础

通过实训项目讲解 Web 前端开发环境的配置、HTML 基础语法、标记语法,介绍文本标记、段落与排版标记、列表与多媒体文件加载标记的应用。通过实验项目使学生掌握运用 HTML 标记设计具有文字、图片、音乐、视频等多种媒体的网站。

第二部分　页面布局技术

通过实训项目讲解 DIV+CSS 在实际工程项目中的应用,让学生学会对商业网站的布局进行分析,并能借助 DIV+CSS 结构实现商业网站的仿真构建;将表格、表单等传统的页面布局技术与 DIV+CSS 页面布局技术组合在一起,让学生充分了解页面布局技术的发展过程,理解 DIV+CSS 页面布局技术在快速网站构建与网站重构中所起的作用,设计出结构、表现和行为相分离的优秀网站。

第三部分　HTML5 基础与 CSS3 应用

通过实训项目使学生掌握 HTML5 和 CSS3 的新特性;借助于 HTML5 和 CSS3 的新特性满足 Web 网站中用户互动页面的设计需求,改善用户体验,结合实训项目的讲解,培养学生用 HTML5 和 CSS3 解决实际网站设计中的一些新问题的能力,设计出用户体验更好的优秀网站。

第四部分　JavaScript 应用

通过实训项目使学生掌握 JavaScript 基本语法、组成结构、程序结构、函数编程方式;熟练地运用 JavaScript 的 DOM 与 BOM 技术解决 Web 网站设计中用户互动页面的设计方法;学会运用 HTML5 中的 Canvas、Web Storage、Web 拖曳和 Web Worker 等新特性解决实践中遇到的新问题;结合 Internet 上真实商业网站的实例讲解,培养学生分析与解决问题的能力,设计出结构、表现和行为相分离的优秀网站。

第五部分　网站设计

以高校网站、企业网站和社会团体网站为典型案例,详细介绍每类网站的功能概况、页面布局分析、页面布局结构设计、导航菜单设计以及网站各页面开发的基本要素和设计步骤,并对 3 个任务进行优化和完善。

4．教学资源

（1）提供实验教学大纲。

（2）提供实训中项目所需的图像、文字、音/视频素材资源。

（3）提供所有实训项目的源代码。

（4）提供 3 个完整网站设计案例的源代码。

（5）提供 13 次课外拓展训练中 26 个项目的源代码、素材资源和答案。

全书的再版修订由储久良独立策划、撰写、审校。同时,再版得到清华大学出版社相关人员的大力支持,在此谨表示衷心的感谢。在本书修订的过程中,作者参阅了大量的商业网站开发、Web 前端开发和 JavaScript 应用等方面的书籍与网络资源,在此对这些书籍与网络资源的作者表示感谢。

由于移动互联网技术发展迅速,加上编者水平有限,书中难免存在疏漏和不足之处,恳请各位专家和读者批评指正。

作　者

2023 年 1 月于溱潼古镇

资源下载

目录 CONTENTS

上篇　实训（课内同步实验）

第一部分　HTML 基础

第二部分 页面布局技术

第三部分　HTML5 基础与 CSS3 应用

第四部分　JavaScript 应用

下篇　实践(课程设计)

第五部分　网　站　设　计

上篇

实训（课内同步实验）

第一部分　HTML基础

实训 1

Web前端开发环境配置与HTML基础

实训目标

（1）了解 Web 前端开发工程师的岗位需求和技术要求。

（2）了解 Web 前端开发技术的基本组成。

（3）掌握 HTML 文档结构，学会编写简单的 HTML 程序。

（4）学会使用 Visual Studio Code、WebStorm、HBuilder X、Sublime Text 等 Web 前端开发工具。

实训内容

（1）通过网络搜集有关 Web 前端开发工程师的岗位需要和技术要求。

（2）安装并使用各种常用 Web 前端开发工具。

（3）安装各种 Web 浏览器软件，并熟知各种浏览器的功能与差异。

（4）掌握 Visual Studio Code、HBuilder X 等 HTML 集成开发环境软件的功能。

（5）使用 Visual Studio Code、HBuilder X 等编辑软件编写简易的 Web 网页程序。

实训项目

（1）Web 前端开发环境配置。

（2）使用 HBuilder X 创建项目和文件。

（3）公民基本道德规范宣传页设计。

（4）IT 新书推荐。

（5）我爱我的岗位：Web 前端开发。

项目 1 Web 前端开发环境配置

1．实训要求

（1）熟悉各种常用 Web 前端开发工具的功能，了解软件的安装需求。

（2）熟悉各种常用 Web 浏览器的功能与差异。

2．实训内容

（1）下载并安装常用的 Web 前端开发工具。

Visual Studio Code(简称"VS Code")是 Microsoft 公司发布的专门针对编写现代 Web 和云应用的跨平台源代码编辑器,可在桌面上运行,并且可用于 Windows、macOS 和 Linux。VS Code 软件的下载 URL 为"https://code.visualstudio.com/"。目前 VS Code 的最新英文版为 VSCodeUserSetup-x64-1.60.0.exe,用户可以从 Internet 上下载其中文版软件包进行安装。

HBuilder X(以下简称"HX")软件(数字天堂(北京)网络技术有限公司旗下的软件产品)的下载 URL 为"https://www.dcloud.io/hbuilderx.html"。目前其 Windows 版的较新版本为 v3.2.3,分为标准版和 App 开发版。其中标准版为 HBuilderX.3.2.3.20210825.zip。HX 主要用于开发 HTML、CSS、JavaScript,另外,HTML 的后端脚本语言(例如 PHP、JSP)以及前端的预编译语言(例如 LESS 以及 Markdown)都适合使用此软件进行编辑。

Sublime Text 软件的下载 URL 为"http://www.sublimetext.com/"。其目前版本是 Sublime Text 4(Build 4113),下载文件为 sublime_text_build_4113_x64_setup.exe,它是一款轻量级代码编辑器。

对于其他 Web 前端开发工具,用户可根据需要进行下载和安装。

(2)下载并安装各种主流的 Web 浏览器软件。

Google Chrome 软件的下载 URL 为"http://www.google.cn/intl/zh-CN/chrome/browser/"。单击"下载 Chrome 浏览器"开始下载,并安装运行。

Mozilla Firefox 是由 Mozilla 基金会与开源团体共同开发的网页浏览器,下载该软件的官方中文网站的 URL 为"http://firefox.com.cn/"。下载的软件安装包名为 Firefox-latest.exe,双击后进行安装并运行。

3．实训过程与指导

(1)从指定的官方网站或 Internet 上下载相关软件包到本地磁盘上。

(2)分别安装相关软件并熟悉软件的功能。

(3)尝试编写最简单的 HTML 程序。

项目2　使用 HX 创建项目和文件

1．实训要求

(1)学会使用 HX 软件创建项目。

(2)熟练掌握 HX 编辑器的基本功能和快捷键的使用方法。

(3)学会自定义并加载用户自定义模板。

2．实训内容

(1)使用 HX 软件直接修改默认的 HTML 模板 default.html。

(2)创建项目和 HTML 文档。

3．实训过程与指导

(1)HX 默认 HTML 模板文档。

从程序安装根目录"F:\HBuilderX\plugins\templates"处开始查找,在 file 中找到 html 子文件夹,可以看到名为"default.html"的模板文件,如图 1-1 所示。

default.html 模板文件的内容如图 1-2 所示。用户可以根据工程项目的需要,设计自己专属的固定格式的 HTML 文档,然后保存,这样下次创建时就可以使用自己定义的模板来创建项目。

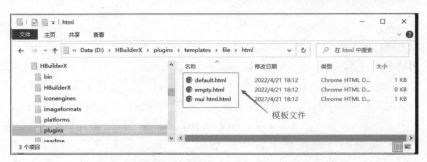

图 1-1　HX 创建 HTML 文档的模板位置

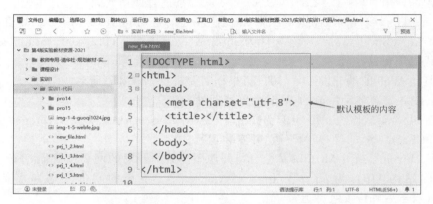

图 1-2　default.html 模板文件的内容

（2）创建 HTML 项目。

从菜单栏中选择"文件"→"新建"→"1.项目"，如图 1-3 所示。单击"1.项目"弹出"新建项目"对话框，如图 1-4 所示。输入项目名称，选择空项目模板，单击"创建"按钮，完成项目的创建，创建的项目 Web-2009030199 会出现在项目管理器中，如图 1-5 所示。

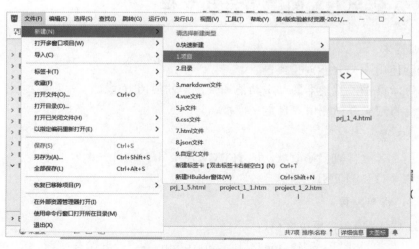

图 1-3　创建项目引导界面

（3）在项目下新建 prj_1_2.html 文件。

在左侧项目管理器中选择新建的 Web-2009030199，然后单击工具栏中的"新建"图标，选择创建"7.html 文件"，如图 1-6 所示。单击"7.html 文件"弹出"新建 html 文件"对话框，在其中输入文件名称、选择模板、单击"创建"按钮，完成 prj_1_2.html 文件的创建，如图 1-7 所示。

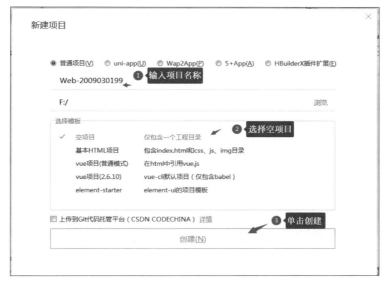

图 1-4　"新建项目"对话框

图 1-5　Web-2009030199 项目所在的位置

图 1-6　创建文件的引导界面

（4）编辑 prj_1_2.html 文件。

在 template.html 文件的基础上定义 title 标记，并在 body 标记中插入两个 p 标记，如图 1-8 所示。保存后同时按住 Ctrl＋R 键，在浏览器中查看页面效果，如图 1-9 所示。

图 1-7 "新建 html 文件"对话框

图 1-8 prj_1_2.html 的编辑界面

图 1-9 页面效果图

项目3 公民基本道德规范宣传页设计

思 政 素 材

公民基本道德规范是指公民应当遵守的基本道德规范。中共中央颁布的《公民道德建设实施纲要》把公民基本道德规范集中概括为 20 个字，即"**爱国守法，明礼诚信，团结友善，勤俭自强，敬业奉献**"。爱国指对祖国的忠诚和热爱，守法指人们按照法律规范进行活动。明礼就是对社会交往规则、仪式和习惯的正确理解和运用,诚信通常指诚实守信。团结指人们为了实现共同的利益和目标而在思想和行动上相互一致,友善指人与人之间相互友好帮助,共求进步。勤俭即勤劳节俭,自强指人对自己的能力和行为所具有的自信和进取意识。敬业指要有正确的职业观念,热爱本职工作和对技术精益求精,奉献指为国家和人民的利益贡献自己的力量,不计个人得失。这些基本行为准则在同一道德体系中具有内容的广延性和层次的多样性,既包括社会主义的公民所必须共同遵守的最重要的行为准则,又涵盖了家庭、职业、公共生活等各个领域所应遵守的最基本的道德准则,适用于不同社会群体,与不同社会领域的具体道德规范融为一体,贯穿公民道德建设的全过程。

1．实训要求

（1）掌握 HTML 文档结构,学会编写简易的 HTML 文件。

（2）掌握 HTML 文件的命名规范。

（3）学会使用 VS Code、HX 等编写 HTML 代码。

（4）学会使用 Web 浏览器查看页面效果。

2．实训内容

（1）使用 VS Code、HX 等编写简易的页面程序。

（2）使用 HTML 标记,例如 head、body、title、p、hr、h1、h2 等标记。

（3）命名 HTML 文件。

3．实训所需知识点

（1）html 标记。

```
<html> … </html>
```

HTML 文档结构由头部 head 和主体 body 构成,head 与 body 两个标记均为成对标记,由首标记和尾标记构成。

（2）头部 head 标记。

```
<head>
  <meta charset = "UTF-8">
  <title>title</title>
  <style type = "text/css"></style>
  <link rel = "stylesheet" type = "text/css" href = ""/>
  <script type = "text/javascript"></script>
</head>
```

在 head 标记中通常包含标题 title、样式 style、元信息 meta、脚本 script、链接 link 等标记,用户可根据网页设计的需要添加相关标记或设置标记的属性。

（3）主体 body 标记。

```
<body>
  <h1>1 号标题字</h1>
  <p>段落<br>段落</p>
```

```
< hr width = "200px">
< blockquote>段落缩进</blockquote>
</body>
```

body 标记是网页信息的主要载体,通常可以包含段落 p、标题字 h1~h6、换行 br、表单 form、脚本 script、无序列表 ul、水平分隔线 hr、表格 table 等标记。

（4）标题 title 标记。

```
< title>网页的标题</title>
```

（5）段落 p 标记。

```
< p align = "center">这是一个段落</p>
```

（6）水平分隔线 hr 标记。

```
< hr size = "3" color = "red" width = "80%" align = "center">
```

水平分隔线可以设置宽度、颜色、粗细、对齐方式等属性。

（7）样式 style 标记。

```
< style type = "text/css">
        p{font - size:28px;color:blue; }    / * 设置字体的大小、颜色 * /
</style>
```

4．实训过程与指导

编程实现如图 1-10 所示的页面。其具体步骤如下：

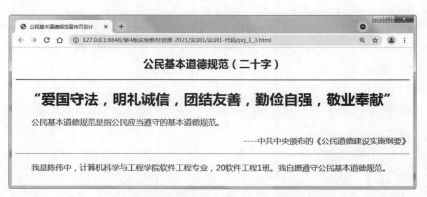

图 1-10   公民基本道德规范内容页面

（1）启动编辑器软件程序（全书默认使用 HX 编辑器），从"文件"菜单中选择"新建"下的"7. html 文件"，在弹出的对话框中输入文件名称为"prj_1_3. html"。

（2）在编辑窗口中输入代码，具体代码如下。

```
1.    <!-- prj_1_3.html -->
2.    <! doctype html >
3.    < html lang = "en">
```

```
4.      < head >
5.      < meta charset = "UTF - 8">
6.      <title>公民基本道德规范宣传页设计</title>
7.      < style type = "text/css">
8.        p {
9.           font - size: 18px;          /* 字体大小为 18px */
10.          color: blue;                /* 颜色为蓝色 */
11.          text - indent: 2em;         /* 首行缩进两个字符 */
12.       }
13.      </style>
14.    </head >
15.    < body >
16.      < h2 align = "center">公民基本道德规范(二十字)</h2>
17.      < hr color = "red">
18.      < h1 align = "center"> "爱国守法,明礼诚信,团结友善,勤俭自强,敬业奉献"</h1>
19.      <p>公民基本道德规范是指公民应当遵守的基本道德规范.</p>
20.      < p align = "right">---- 中共中央颁布的《公民道德建设实施纲要》</p>
21.      < hr/>
22.      <p>我是陈伟中,计算机科学与工程学院软件工程专业,20 软件工程 1 班.我自愿遵守公民
基本道德规范.</p>
23.    </body >
24.  </html >
```

代码第 22 行的内容可以根据学生的信息进行调整。

（3）编辑完成后,按"Ctrl＋S"键或选择"文件"菜单中的"保存"命令保存文件。用户也可以选择"另存为"命令,然后在弹出的对话框中输入文件名,单击"保存"按钮,如图 1-11 所示。

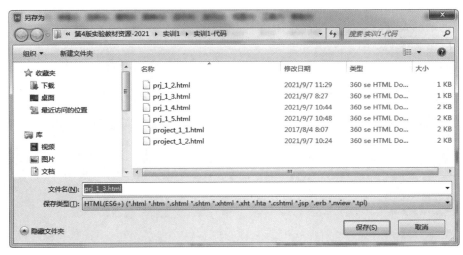

图 1-11　"另存为"对话框

（4）用浏览器打开 prj_1_3. html,查看页面效果。

用户也可以使用 VS Code 来编辑此文件,通过实际使用掌握 VS Code 编辑器的相关操作,学会使用 VS Code 的各种快捷键,提高代码的输入速度,体验编程的快乐。其编辑界面如图 1-12 所示。

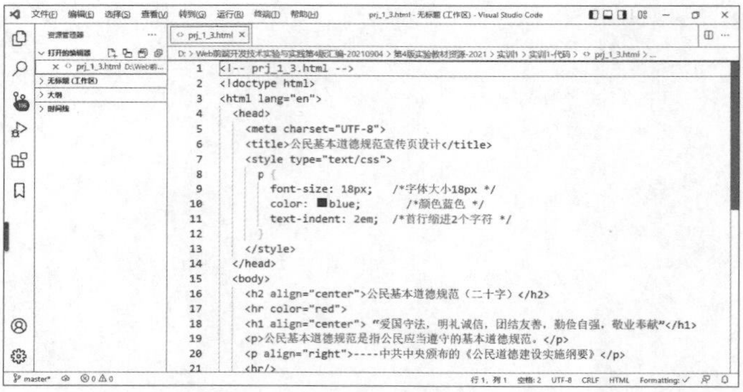

图 1-12　VS Code 的编辑界面

项目4　IT 新书推荐

1．实训要求

（1）掌握 meta 标记及 body 标记的常用属性的设置方法。

（2）学会使用 meta 标记设置网页的属性。

（3）掌握多种颜色的设置方法。

（4）学会使用 body 标记的属性设置页面效果。

2．实训内容

（1）使用 meta 标记设置网页的属性。

（2）设置网页的背景颜色和前景颜色。

（3）使用各种颜色表示方法设置颜色。

3．实训所需知识点

（1）元信息 meta 标记。

```
< meta charset = "UTF - 8">
< meta name = "Generator" content = "">
< meta name = "Author" content = " ">
< meta name = "Keywords" content = " ">
< meta name = "Description" content = " ">
< meta http - equiv = "content - type" content = "">
```

（2）主体 body 标记。

```
< body bgcolor = "" text = "" link = "" alink = "" vlink = "" topmargin = ""> …</body>
```

注意：颜色设置方法有使用 RGB 函数（整数、百分比）、十六进制表示法（6 位、3 位）、颜色英文名称。

（3）标题字 h2 标记。

```
< h2 align = "center"> …</h2>
```

（4）超链接 a 标记。

```
< a href = "" title = " ">新书推荐</a>
```

（5）水平分隔线 hr 标记。

```
< hr size = "5" width = "100%" align = "center" color = "red">
```

4．实训过程与指导

编程实现如图 1-13 所示的页面。其具体步骤如下：

图 1-13　IT 新书推荐页面

（1）启动编辑器软件，建立 prj_1_4. html 文档。

（2）设置 meta 标记的 keywords、description、generator、author 等属性。

（3）定义 body 标记的 bgcolor、background、text、link、alink、vlink、topmargin、leftmargin 等属性，实现页面文本的颜色、背景颜色、背景图像和超链接的变化，要注意同时设置 bgcolor、background 属性时页面效果的变化。使用 5 种方法设置颜色，代码如下：

```
< body bgcolor = "#EEFFFF" text = rgb(50%,50%,50%) link = "rgb(122,250,13)" vlink = "red"
alink = "#6F0">
```

（4）在 body 标记中插入 a 标记，在 a 标记内插入 img 标记。格式如下：

```
< a href = "http://www. tup. tsinghua. edu. cn/booksCenter/book_09106701. html" title = "新书 -
Vue. js">< img src = "pro14/newbook - 14. jpg"></a>
```

（5）在 body 标记中插入两个 p 标记。段落的内容如下：

Vue. js 是一套用于构建用户界面的渐进式框架，是目前流行的三大前端框架之一。本书以 Vue 2.6.12 为基础，重点讲解 Vue 生产环境配置与开发工具的使用、基础语法、指令、组件开发及周边生态系统；以 Vue 3.0 为提高，重点介绍新版本改进和优化之处以及如何利用新版本开发应用程序。

全书共分为 12 章，主要涵盖 Vue. js 概述、Vue. js 基础、Vue. js 指令、Vue. js 基础项目实战、Vue. js 组件开发、Vue. js 过渡与动画、Vue 项目开发环境与辅助工具部署、前端路由 Vue Router、状态管理模式 Vuex、Vue UI 组件库、Vue 高级项目实战以及 Vue 3.0 基础应用。每章均附有本章学习目标、本章小结、练习与实训，便于广大读者和工程技术人员学习、实践与提高。

（6）完成代码设计后打开浏览器，查看页面效果，如图 1-13 所示。

项目5　我爱我的岗位：Web 前端开发

思 政 素 材

爱 岗 敬 业

　　通过学习了解 Web 前端的发展历史，熟悉 Web 前端相关工作的职责要求，掌握相关 Web 前端开发技术，适应社会对 Web 前端开发工作的需求。常见的 Web 前端岗位有前端开发工程师、前端架构师、资深前端开发工程师等。

　　前端架构师更偏管理，但职责不局限于管理。前端架构师需要带领团队成员实现全网的前端框架和优化，创建前端的相应标准和规范，完善并推广和应用自己的标准和框架，能够站在全局的角度为整个网站的信息架构和技术选型提供专业意见和方案。

　　资深前端开发工程师的工作职责更大。通常来说，资深前端开发工程师需要使用 JavaScript 等相关脚本编写和封装具有良好性能的前端交互组件，熟练使用 CSS3 完美输出极好体验的界面，同时还要对 Web 项目的前端实现方案提供专业指导和监督，对新入职员工及相关开发人员进行前端技能的培训和指导，另外还要跟踪研究前端技术，设计并实施全网前端优化。HTML5、Node.js 及新前端框架技术的兴起要求资深前端熟悉后端，并且要从商业模式、代码架构思想等方面统筹考虑前端的全局布局。

　　常见前端开发工程师职位的职责要求：

　　（1）使用 DIV＋CSS＋JavaScript 负责产品的前端开发和页面制作。

　　（2）熟悉 W3C 标准和各主流浏览器在前端开发中的差异，能熟练运用 DIV＋CSS，提供针对不同浏览器的前端页面解决方案。移动 HTML5 的性能和其他优化为用户呈现最好的界面交互体验和最好的性能。

　　（3）负责相关产品的需求以及前端程序的实现，提供合理的前端架构，改进和优化开发工具、开发流程以及开发框架。

　　（4）与产品、后台开发人员保持良好的沟通，能快速理解、消化各方的需求，并落实为具体的开发工作；能独立完成功能页面的设计与代码的编写，配合产品团队完成功能页面的需求调研和分析。

　　（5）了解服务器端的相关工作，在交互体验、产品设计等方面有自己的见解。

1．实训要求

（1）掌握 HTML、CSS、JavaScript 三大技术在网页设计中的作用。

（2）学会使用 p、h2、hr、script 等基本的 HTML 标记设计页面内容。

（3）学会使用简单的 CSS 样式控制标题和段落的显示效果。

（4）学会使用告警消息框 alert()输出对话框。

2．实训内容

（1）使用 CSS 对 h2、p、body 标记样式进行重新定义。

（2）使用 script 标记为页面添加 JavaScript 代码。

（3）使用告警消息框弹出对话框与用户进行交互。

3．实训所需知识点

（1）样式 style 标记。

```
< style type = "text/css">
    h2{
        font - family:微软雅黑;        /* 定义字体的名称 */
        font - size:8px;              /* 定义字体的大小 */
        color:red;                    /* 定义字体显示的颜色 */ }
    p{
        text - indent:2em;            /* 定义首行缩进两个字符 */
        font - size:18px;             /* 定义字体的大小 */}
    body {
        background: url(pro15/img - 1 - 5 - webfe.jpg) no - repeat top left;
        /* 设置背景图像不重复居左顶部 */
    }
</style>
```

在 style 标记中重新定义 h2 标记样式。

（2）脚本 script 标记。

```
< script type = "text/javascript">
    alert("Web 前端开发工程师就业前景好、薪酬高!");
</script>
```

在 script 标记中使用告警消息框 alert("内容")输出信息，格式如下：

```
alert("输出消息内容");
```

（3）标题字 h2 标记。

```
< h2 >我爱我的岗位:Web 前端开发</h2 >
```

（4）水平分隔线 hr 标记。

```
< hr color = "♯33CC66">
```

（5）段落 p 标记。

```
< p align = "center">Web 前端开发工程师的岗位职责…</p>
```

4．实训过程与指导

编程实现如图 1-14 所示的页面。其具体步骤如下：

（1）启动编辑器软件，建立 prj_1_5. html 文档。

（2）在 head 标记中插入 style 标记，在 style 标记中定义 h2、p、body 标记样式，格式参见"3.实训所需知识点"中样式 style 标记的定义。

（3）在 body 标记中插入 h2 标记，标记的内容为"我爱我的岗位：Web 前端开发"。

（4）在 body 标记中插入 hr 标记，设置 color 属性的值为"♯33CC66"。

（5）在 body 标记中插入 p 标记，并为 p 标记添加内容。其内容如下：

> Web 前端开发工程师的岗位职责：(1)协助系统架构设计师进行系统架构设计工作；(2)承担 Web 前端核心模块的设计、实现工作；(3)承担主要开发工作，对代码质量及进度负责；(4)参与进行关键技术验证以及技术选型工作；(5)和产品经理沟通并确定产品开发需求。

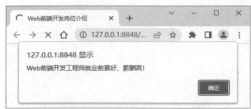

(a) 告警消息框效果图

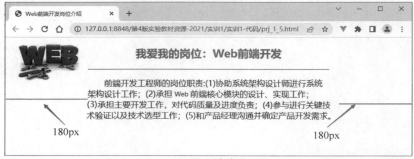

(b) Web页面图

图 1-14　我爱我的岗位页面效果图

（6）在 body 标记中插入 script 标记，在 script 标记内插入 alert("Web 前端开发工程师就业前景好、薪酬高！")输出信息。

（7）完成代码设计后打开浏览器，查看页面效果。

课外拓展训练 1

1. 设计简易的 Web 页面，效果如图 1-15 所示。要求如下：

①标题为"meta、h3、hr、p 等标记的应用"。②meta 标记至少设置两个属性值对。③标题居中对齐、段落首行缩进两个字符、水平分隔线为粉红色，页面内容如图 1-15 所示。

注意：在 head 标记中插入 style 标记，语法如下。

```
< style type = "text/css">
    p{ / * 首行缩进两个字符 * /
        text - indent: 2em;}
</style>
```

图 1-15　meta、h3、hr、p 等标记的应用

2. 按要求设计 Web 页面,如图 1-16 所示。要求如下:

①标题:body 属性及注释标记的应用。②功能:使用 CSS 和 body 属性设计彩色页面;页面文字颜色为♯111111、背景颜色为♯F1F2FA、顶部边界和左边边界均为 50px;两条分隔线的颜色分别为♯00FF00、♯FF0066。③CSS 样式表定义:段落 p 标记样式,首行缩进两个字符(text-indent:2em);图层 div 样式,边粗细为 1px、线型为点画线、颜色为♯660033。

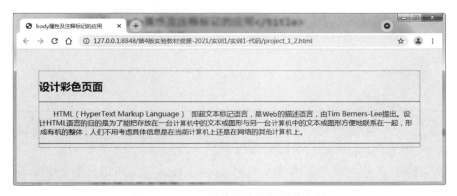

图 1-16　body 属性及注释标记的应用

实训 2

格式化文本、段落与列表

实训目标

(1) 掌握标题字、文本标记、段落与排版标记的语法。

(2) 了解列表的基本类型,掌握无序列表、有序列表、定义列表的语法并学会使用。

(3) 掌握文字段落排版的基本规则。

(4) 能够完成文本型 Web 网页的设计。

实训内容

(1) 标题字标记、文本标记、段落与排版标记的应用。

(2) 无序列表标记的属性设置与应用。

(3) 有序列表标记的属性设置与应用。

(4) 自定义列表标记的属性设置与应用。

实训项目

(1) 中国古代道德教育故事——孔融让梨。

(2) 中国传统道德故事集锦。

(3) 设计制度宣传展板。

(4) 社会主义核心价值观内容。

项目6　中国古代道德教育故事——孔融让梨

1．实训要求

(1) 对网页中的文本进行格式化。

(2) 对网页中的段落进行格式化。

2．实训内容

(1) 标题字的使用。

(2) 注释方式的使用。

(3) 字体标记的应用。

(4) 文本、段落、段落缩进标记及其属性的应用。

3．实训所需知识点

（1）标题字 h1～h6 标记。

```
< h1 align = "left | center | right | justify " >…</h1 >
```

标题字标记 h2～h6 与 h1 标记的属性相同。

（2）段落 p 标记。

```
< p align = " left | center | right | justify ">…</p>
```

（3）段落缩进 blockquote 标记。

```
< blockquote >< img src = "pro21/image - 2 - 1 - 1.jpg"></blockquote >
```

（4）字体 font 标记。

```
< font face = " " size = " " color = " ">文字</font >
```

（5）空格与特殊符号。

向网页中添加空格和特殊符号可以使用 & 符号加上相应的英文单词的缩写，以分号结束，例如"©"表示版权©，" "表示空格等。

（6）水平分隔线 hr 标记。

```
< hr align = "center " color = " #334455 " width = "80 % " size = "3">
```

（7）注释 <!--……-->标记。

```
<!-- 尽量使用此种方式,浏览器均支持,不使用 comment 标记 -->
```

（8）文本修饰标记。

```
< strong >表示重要</strong >        <!-- 替代原来的<b></b> -->
< em >表示强调</em >              <!-- 替代原来的<i></i> -->
< u >下画线</u >
< big >版权所有</big >
```

（9）拼音/音标注释 ruby 和 rt 标记。

```
< ruby >
  孔< rt > kong </rt >融< rt > rong </rt>让< rt > rang </rt>梨< rt > li </rt>
</ruby >
```

4．实训过程与指导

编程实现"孔融让梨"页面，如图 2-1 所示。

（1）启动编辑器软件，新建 HTML 网页，在首行插入注释语句<!-- prj_2_1.html -->，注明程序的名称为 prj_2_1.html。

（2）在 head 标记中插入 title 标记，内容为"孔融让梨"。

（3）在 body 标记中插入注释语句，根据页面内容的需要添加 4 处使用标记的注释。

（4）在 body 标记中分别插入 h1、h3 标题字标记，设置居中对齐属性。标记 h1 的内容为"孔融让梨"，并使用 ruby 标记给"孔融让梨"加上汉语拼音标注。标记 h3 的内容为'中国古代道德教育故事之一——《三字经》中"融四岁，能让梨"'。

图 2-1　"孔融让梨"页面

（5）在 body 标记中插入一个水平分隔线标记，水平分隔线的颜色为"＃FF3333"。

（6）在 body 标记中插入两个段落 p 标记，对段落内容进行字体控制，样式为"字体大小20px、首行缩进两个字符"。段落的内容如下：

> 孔融，字文举，东汉时期山东曲阜人，是孔子的第二十世孙，是中国古代东汉末文学家。
> 孔融四岁的时候，和哥哥吃梨，总是拿小的吃。有人问他为什么这么做。他回答说："小孩子食量小，按道理应该拿小的。"

（7）在 body 标记中使用段落缩进标记分别插入"＜ img src ＝"pro21/image-2-1-1. jpg"＞"和"＜ font face＝"黑体" color＝"＃FE2233" size＝"5" ＞中国千百年来流传的一个道德教育故事，这个故事告诉人们，凡事应该遵守公序良俗。＜/font＞"。

（8）在 body 标记中插入颜色为红色、大小为 3px 的水平分隔线。

（9）在 body 标记中插入 p 标记，设置居中对齐属性，内容为"**这些都是年幼时就应该知道的道德常识**。这是中国古代东汉末年官员、名士、文学家*孔融©*的真实故事。"。其中"**这些都是年幼时就应该知道的道德常识**。"为加粗字，且"道德常识"有下画线效果；"文学家*孔融©*"为斜体字；且"*孔融©*"为稍微大一些的字体。在"孔融"前面插入一个"＆nbsp;"，在"孔融"后面插入一个"＆copy;"和一个"＆nbsp;"。

（10）完成代码设计后打开浏览器，查看页面效果。

项目7　中国传统道德故事集锦

1．实训要求

参照图 2-2 所示的页面效果，使用无序列表设计"中国传统道德故事集锦"主页。

2．实训内容

（1）无序列表的应用。

图 2-2　"中国传统道德故事集锦"主页

（2）样式表的定义与使用。

（3）p、div、a、blockquote、hr 等标记及属性的应用。

3．实训所需知识点

（1）无序列表 ul 标记。

```
< ul type = "disc">
    < li type = "">列表项</li>
    <li>列表项</li>
    <li>列表项</li>
</ul>
```

（2）图层 div 标记。

```
< div id = "menu">…</div >
```

（3）样式 style 标记。

```
< style type = "text/css">
  * {padding: 0;margin: 0;}
  div {margin: 0 auto;text - align: center;width: 1100px;}
    p,img {width: 1100px;height: 320px;}
    #menu {width: 1100px;height: 40px;background - color: red;text - align: center;}
    #menu ul {list - style - type: none;}
    #menu ul li {display: inline - block;font - size: 22px;height: 24px;
      padding: 5px 15px;color: white;}
    h1 {text - align: center;height: 60px;width: 100％ ;
      background - color: #FAFAFB;padding - top: 20px;}
    blockquote {text - indent: 2em;text - align: left;
      font - size: 22px;padding: 10px auto;}
    #item {width: 1100px;height: 160px;margin: 0 auto;}
    #item ul {text - align: left;width: 940px;padding: 10px 80px;
      height: 140px;list - style: disc;}
    #item ul li {float: left;width: 430px;height: 15px;padding: 10px;}
</style>
```

（4）标题字 h2 标记。

```
< h2 >中国传统道德故事集锦</ h2 >
```

（5）段落缩进 blockquote 标记。

```
< blockquote ></ blockquote >
```

4．样式的应用

（1）图层样式的应用。

```
< div id = "menu">…</ div >
< div id = "item">…</ div >
```

注意：使用开始符为"♯"的样式是 id 样式，在引用时使用标记的 id 属性。

（2）超链接 a 样式的应用。

```
h1 a:hover {text - decoration: underline; }           / * 鼠标指针悬浮于其上时有下画线 * /
a:visited,a:link,a:active {text - decoration: none;}    / * 其他状态无下画线 * /
```

5．实训过程与指导

编程实现"中国传统道德故事集锦"主页。其具体步骤如下：

（1）启动程序，创建 HTML 文档。启动编辑器软件，新建 HTML 网页，在首行插入注释语句，注明程序的名称为 prj_2_2. html。格式如下：

```
<!-- prj_2_2.html -->
```

（2）编辑主体内容。在 body 标记中插入 div 标记，定义 div 样式为"宽度 1100px、内容居中对齐、有边界（上下为 0、左右自动）"。在 div 标记中分别插入下列标记：

① 插入 p 标记，内容为"< img src＝"pro22/image-2-2-1.jpg">"。定义 p 和 img 标记的样式为"宽度 1100px、高度 320px"。

② 插入 div 标记，内容为无序列表。列表项的内容如下：**"曾子避席""千里送鹅毛""三顾茅庐""车胤囊萤""李士谦乐善好施"**。无序列表默认排列方式是垂直居左排列，而且在列表项的前面会出现实心点号。此处的难点就是将无序列表前面的符号去掉并且让列表项水平排列。需要使用下列样式来实现：

```
♯menu ul {list - style - type: none; / * 去掉符号 * /    }
♯menu ul li {
    display: inline - block;        / * 列表项为行内块方式——水平排列 * /
    height: 24px;padding: 5px 15px;color: white; font - size: 22px;
}
```

③ 插入 h1 标记，内容为超链接，样式为"高度 60px、内容居中对齐、宽度 100%、背景♯FAFAFB、上填充 20px"。其内容如下：

```
< h1 >中国传统道德故事集锦</ h1 >
```

④ 插入 blockquote 标记。内容如下：

中华民族传统美德,是指中国五千年历史流传下来,具有影响、可以继承,并得到不断创新发展,有益于下代的优秀道德遗产。概括起来就是:中华民族优秀的品质、优良的民族精神、崇高的民族气节、高尚的民族情感以及良好的民族习惯的总和。

⑤ 插入 div 标记。在标记内插入无序列表,但此处列表的显示方式与上面不同,需要保留列表项前的符号,然后限制 ul、li 标记的宽度,让列表项向左浮动,并且在每行中只能显示两个列表项。列表的内容如下:

- 【程门立雪】——说的是尊师重教的故事
- 【子路借米】——说的是尊老爱幼的故事
- 【七岁之师】——说的是谦虚礼貌的故事
- 【孔融让梨】——说的是公序良俗的故事
- 【林则徐禁烟】——说的是爱国爱民的故事
- 【铁杵磨成针】——说的是勤学的故事

定义 div 的 id 样式、无序列表以及列表项的样式。分别如下:

```
#item {width: 1100px;height: 160px;margin: 0 auto;}
#item ul {text - align: left;width: 940px;padding: 10px 80px;
    height: 140px;list - style: disc;}
#item ul li {float: left;width: 430px;height: 15px;padding: 10px;}
```

引用样式。格式如下:

```
<div id = "item">
    <ul>
        <li>…</li>
    </ul>
</div>
```

⑥ 插入红色的水平分隔线。

```
<hr color = "red">
```

(3)保存并浏览网页。完成代码设计后通过浏览器查看网页。

项目8　设计制度宣传展板

1.实训要求

(1)使用有序列表标记制作《大型分析仪器管理办法》制度宣传展板。

(2)使用相关标记实现管理办法的标题居中显示,制度以条目化方式有序显示,序号为数字序列。

(3)学会使用 div、h1、h3、ol、li 等标记实现页面效果。

2.实训内容

(1)有序列表的应用。

(2)样式表的定义与使用。

(3)段落、图层等标记的应用。

3．实训所需知识点

（1）有序列表 ol 标记。

```
< ol type = "A" start = "3">
    < li type = "1" value = "5">列表项</li>
    < li type = "" value = "">列表项</li>
    < li type = "" value = "">列表项</li>
</ol>
```

（2）标题字 h1、h3 标记。

```
< h1 >…</h1 >
< h3 >…</h3 >
```

（3）图层 div 标记。

```
< div class = "div1" >…</div >
```

（4）样式 style 标记。

```
< style type = "text/css">
    *  {padding: 0;margin: 0;}            / * 全局声明 * /
    .div1 {
      margin: 0 auto;width: 610px;height: 934px;padding: 20px;
      background: url(pro23/image − 2 − 3 − bg. jpg) no − repeat center center;
      box − shadow: 0 0 15px 15px ♯F1E2E3;/ * 设置边框阴影,阴影的模糊值和阴影的大小为 15px * /
    }
    h1 {
      font − size: 32px;font − family: 黑体;height: 52px;
      color: blue;padding − top: 120px;text − align: center;
      text − shadow: 0 0 15px white;        / * 设置文本阴影,阴影的模糊值为 15px * /
    }
    ol {margin: 10px auto;width: 550px;line − height: 1.6em;padding − left: 50px;}
    li {width: 540px;font − size: 18px;letter − spacing: 1px;}
    h3 {padding − right: 50px;}
</style >
```

在 style 标记中定义标题字、图层、有序列表和列表项的样式。

4．实训过程与指导

编程实现"设计制度宣传展板"页面,效果如图 2-3 所示。其具体步骤如下:

（1）启动程序,创建 HTML 文档。启动编辑器软件,新建 HTML 网页,在首行插入注释语句,注明程序的名称为 prj_2_3. html。格式如下:

```
<! -- prj_2_3.html -->
```

（2）设计网页初步效果。在 body 标记中插入图层 div 标记,定义图层的 class 属性的值为"div1"。

（3）在 div 标记中插入标题字 h1 标记,居中显示,内容为"大型分析仪器管理办法"。

（4）在 div 标记中插入有序列表 ol 标记,将 type 属性和 start 属性的值均设置为"1"。

（5）在 ol 标记中插入 10 个 li 标记,并添加列表项的内容,列表项的内容分别如下:

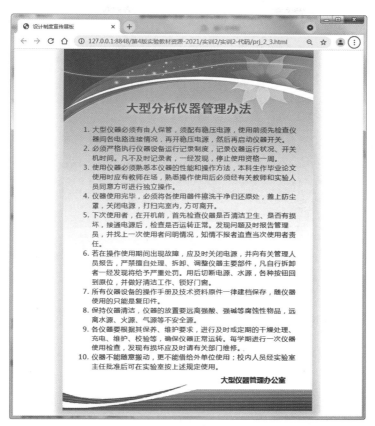

图 2-3　"设计制度宣传展板"页面

大型仪器必须由专人保管,须配有稳压电源,使用前须先检查仪器间各电路连接情况,再开稳压电源,然后再启动仪器开关。

必须严格执行仪器设备运行记录制度,记录仪器运行状况、开关机时间。凡不及时记录者,一经发现,停止使用资格一周。

使用仪器必须熟悉本仪器的性能和操作方法,本科生作毕业论文使用时应有教师在场,熟悉操作使用后必须经有关教师和实验人员同意方可进行独立操作。

仪器使用完毕,必须将各使用器件擦洗干净归还原处,盖上防尘罩,关闭电源,打扫完室内,方可离开。

下次使用者,在开机前,首先检查仪器是否清洁卫生、是否有损坏,接通电源后,检查是否运转正常。发现问题及时报告管理员,并找上一次使用者问明情况,知情不报者追查当次使用者责任。

若在操作使用期间出现故障,应及时关闭电源,并向有关管理人员报告,严禁擅自处理、拆卸、调整仪器主要部件,凡自行拆卸者一经发现将给予严重处罚。用后切断电源、水源,各种按钮回到原位,并做好清洁工作、锁好门窗。

所有仪器设备的操作手册及技术资料原件一律建档保存,随仪器使用的只能是复印件。

保持仪器清洁,仪器的放置要远离强酸、强碱等腐蚀性物品,远离水源、火源、气源等不安全源。

各仪器要根据其保养、维护要求,进行及时或定期的干燥处理、充电、维护、校验等,确保仪器正常运转。每学期进行一次仪器使用检查,发现有损坏应及时请有关部门维修。

仪器不能随意搬动,更不能借给外单位使用;校内人员经实验室主任批准后可在实验室按上述规定使用。

(6) 在 div 标记中插入标题字 h3 标记,并设置居右显示,内容为"大型仪器管理办公室"。编辑完后保存 HTML 文档,并通过浏览器查看网页效果,如图 2-4 所示。

(7) 定义样式。在 head 标记中插入 style 标记,分别定义 ＊、div1、h1、ol、li、h3 的样式。其中样式定义参照"3.实训所需知识点"中的"(4)样式 style 标记"。

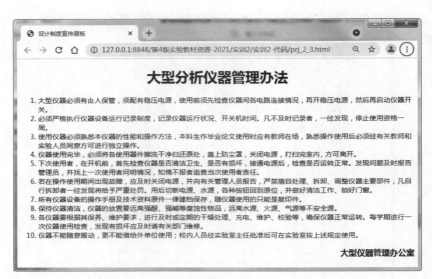

图 2-4　初始效果图

（8）引用样式。在 body 标记中给 div 标记引用样式。格式如下：

```
< div class = "div1"></div >
```

（9）保存并浏览网页。完成代码设计后通过浏览器查看网页,效果如图 2-3 所示。

项目9　社会主义核心价值观内容

　　党的十八大提出,倡导富强、民主、文明、和谐,倡导自由、平等、公正、法治,倡导爱国、敬业、诚信、友善,积极培育和践行社会主义核心价值观。富强、民主、文明、和谐是国家层面的价值目标,自由、平等、公正、法治是社会层面的价值取向,爱国、敬业、诚信、友善是公民个人层面的价值准则,这 24 个字是社会主义核心价值观的基本内容。

1．实训要求

（1）使用定义列表标记制作“社会主义核心价值观”页面。

（2）使用 style 标记给 body、div、dt、dd、h1、h2 等标记定义样式。

2．实训内容

（1）定义列表的应用。

（2）样式表的定义与使用。

（3）图层与标题字的应用。

3．实训所需知识点

（1）定义列表 dl 标记。

```
<dl>
  <dt>…</dt>
    <dd>…</dd>
    <dd>…</dd>
    …
</dl>
```

（2）样式 style 标记。

```
<style type="text/css">
  * {padding: 0;margin: 0;}
  div {
      width: 1060px;height: 492px;margin: 0 auto;padding: 50px;
      background: url(image-2-4-1.jpg) no-repeat center center;
  }
</style>
```

（3）图层 div 标记。

```
<div>…</div>
```

（4）标题字标记。

```
<h1 align="center">社会主义核心价值观</h3>
<h2 align="center"><strong>人民有信仰</strong></h2>
```

4．实训过程与指导

编程实现"社会主义核心价值观"页面,效果如图 2-5 所示。其具体步骤如下：

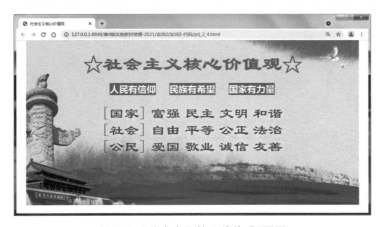

图 2-5　"社会主义核心价值观"页面

（1）启动程序,创建 HTML 文档。启动编辑器软件,新建 HTML 网页,在首行插入注释语句,注明程序名称为 prj_2_4.html。格式如下：

```
<!-- prj_2_4.html -->
```

（2）设计网页初步效果。在 body 标记中插入图层 div。

（3）在 div 标记中插入 h1 标题字标记,居中显示,内容为"☆社会主义核心价值观☆"。

（4）在 div 标记中插入 h2 标记，在 h2 标记插入 3 个 strong 标记，用于定义"人民有信仰""民族有希望""国家有力量"。

（5）在 div 标记中插入 3 个 dl 标记，用于显示 3 个层面上的核心价值观的内容。其中 3 个 dt 标记分别定义"[国家]""[社会]""[公民]"3 个层面，用 4 个 dd 标记分别定义每个层面的具体内容。代码如下，其他两个层面的内容与之类似。

```
<dl>
    <dt>[国家]</dt>
    <dd>富强</dd>
    <dd>民主</dd>
    <dd>文明</dd>
    <dd>和谐</dd>
</dl>
```

（6）编辑完成后，保存 HTML 文档，并通过浏览器查看网页，效果如图 2-6 所示。

图 2-6　社会主义核心价值观初始页面（未应用样式）

（7）定义样式。在 head 标记中插入 style 标记，分别定义 *、div、h1、h2、strong、dt、dd 的样式。其中样式定义如下：

```
<style type = "text/css">
    * {padding: 0;margin: 0;}
    div {
        width: 1060px;height: 492px;margin: 0 auto;padding: 50px;
        background: url(pro24/image - 2 - 4 - 1.jpg) no - repeat center center;
    }
    h1 {font - size: 68px;font - family: "隶书";text - align: center;
        color: red;line - height: 70px;}
    h2 {margin: 30px auto;line - height: 50px;}
    strong {margin: 8px 20px;background - color: red;
        color: white;font - size: 32px;}
    dl {margin: 0 auto;text - align: center;}
    dt,dd {
        font - family: 隶书;font - size: 52px;color: #AF0103;
        display: inline;margin: 0 5px;text - shadow: 0 0 15px white;
    }
</style>
```

所有样式定义完后立即生效。

（8）保存并浏览网页。完成代码设计后，通过浏览器（或通过 HBuilderX 软件按 Ctrl＋R

键)查看网页,最终的页面效果如图 2-7 所示。

课外拓展训练 2

1*. 设计"社会主义核心价值观 24 字及其含义解读"页面,效果如图 2-7 所示。要求如下:

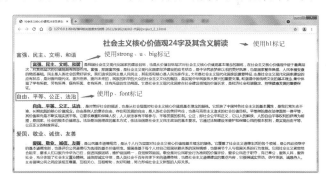

图 2-7　社会主义核心价值观 24 字及其含义解读页面

(1)采用 h1 标记显示标题"社会主义核心价值观 24 字及其含义解读",显示效果为居中、红色。

(2)采用 p 标记内嵌 font 标记包裹"富强、民主、文明、和谐""自由、平等、公正、法治""爱国、敬业、诚信、友善",并设置文字为蓝色、黑体,字体大小为 5。

(3)采用 blockquote 标记定义每个层面的含义解读,具体内容见思政素材。首行缩进两个字符,每段第一句为加粗、带下画线和字体稍微大一些的效果。

(4)程序名称为 project_2_1.html。

(5)思政素材:

富强、民主、文明、和谐

　　富强、民主、文明、和谐,是我国社会主义现代化国家的建设目标,也是从价值目标层次对社会主义核心价值观基本理念的凝练,在社会主义核心价值观中居于最高层次,对其他层次的价值观具有统领作用。富强,即国富民强,是社会主义现代化国家经济建设的应有状态,是中华民族梦寐以求的美好夙愿,也是国家繁荣昌盛、人民幸福安康的物质基础。民主是人类社会的美好诉求。我们追求的民主是人民民主,其实质和核心是人民当家做主。文明是社会主义现代化国家的重要特征,也是社会主义现代化国家建设的应有状态,是对面向现代化、面向世界、面向未来的,民族的科学的大众的社会主义文化的概括,是实现中华民族伟大复兴的重要支撑。和谐是中国传统文化的基本理念,集中体现了学有所教、劳有所得、病有所医、老有所养、住有所居的生动局面。它是社会主义现代化国家在社会建设领域的价值诉求,是经济社会和谐稳定、持续健康发展的重要保证。

自由、平等、公正、法治

　　自由、平等、公正、法治,是对美好社会的描述,也是从社会层面对社会主义核心价值观基本理念的凝练。它反映了中国特色社会主义的基本属性,是我们党矢志不渝、长期实践的核心价值观念。自由是指人的意志自由、存在和发展的自由,是人类社会的美好向往,也是马克思主义追求的社会价值目标。平等指的是在法律面前一律平等,其价值取向是不断实现实质平等。它要求尊重和保障人权,人人依法享有平等参与、平等发展的权利。公正,即社会公平和正义,它以人的解放、人的自由平等权利的获得为前提,是国家、社会的根本价值理念。法治是治国理政的基本方式,依法治国是社会主义民主政治的基本要求。它通过法制建设来维护和保障公民的根本权利,是实现自由平等、公正正义的制度保证。

爱国、敬业、诚信、友善

　　爱国、敬业、诚信、友善，是公民基本道德规范，是从个人行为层面对社会主义核心价值观基本理念的凝练。它覆盖了社会主义道德生活的各个领域，是公民必须恪守的基本道德准则，也是评价公民道德行为选择的基本价值标准。爱国是基于每个人对自己祖国依赖关系的深刻情感，也是调节个人与祖国关系的行为准则。它同社会主义紧密结合起来，要求人们以振兴中华为己任，促进民族团结，维护祖国统一，自觉报效祖国。敬业是对公民职业行为准则的价值评价，要求公民忠于职守，克己奉公，服务人民，服务社会，充分体现了社会主义职业精神。诚信即诚实守信，是人类社会千百年传承下来的道德传统，也是社会主义道德建设的重点内容，它强调诚实劳动、信守承诺、诚恳待人。友善强调公民之间应该相互尊重、互相关心、互相帮助，友好和睦，努力形成社会主义新型的人际关系。

　　2. 编写代码实现"食品安全管理制度"页面，如图 2-8 所示。要求如下：

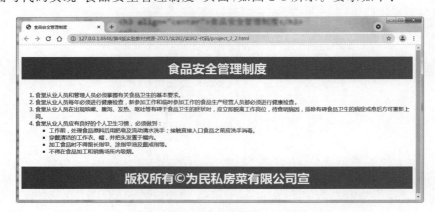

图 2-8　"食品安全管理制度"页面

　　（1）页面标题为"食品安全管理制度"。

　　（2）页面内容：以 3 号标题字显示"食品安全管理制度"，h3 标记样式为"字体大小 36px、背景色♯3366FF、字白色、填充（padding）10px"；在页面底部插入第 2 个 h3 标记，其内容为"版权所有 &copy；为民私房菜有限公司宣"。

　　（3）程序名称为 project_2_2.html。

　　素材：制度内容如下。

　　1. 食堂从业人员和管理人员必须掌握有关食品卫生的基本要求。
　　2. 食堂从业人员每年必须进行健康检查，新参加工作和临时参加工作的食品生产经营人员都必须进行健康检查。
　　3. 食堂从业人员在出现咳嗽、腹泻、发热、呕吐等有碍于食品卫生的症状时，应立即脱离工作岗位，待查明病因，排除有碍食品卫生的病症或愈后方可重新上岗。
　　4. 食堂从业人员应有良好的个人卫生习惯，必须做到：
　　· 工作前，处理食品原料后用肥皂及流动清水洗手；接触直接入口食品之前应洗手消毒。
　　· 穿戴清洁的工作衣、帽，并把头发置于帽内。
　　· 加工食品时不得留长指甲、涂指甲油及戴戒指等。
　　· 不得在食品加工和销售场所内吸烟。

超链接与多媒体文件应用

实训目标

(1) 掌握超链接标记的语法、属性的设置方法,学会为网页添加各种超链接。

(2) 掌握书签链接的定义与语法,学会使用书签链接设计 Web 页面。

(3) 掌握 img 和 marquee 标记的语法与属性的设置方法。

(4) 掌握 embed 标记的语法与属性的设置方法,为页面添加多媒体文件。

实训内容

(1) 使用超链接制作网站导航条。

(2) 使用无序列表制作网站导航条。

(3) 使用书签设计专业课程简介。

(4) 使用 embed 标记制作带有音乐、视频、动画的网页。

实训项目

(1) 旅游景点欣赏。

(2) Web 前端技术新书推荐。

(3) 万维网简介。

(4) "专业课程简介"页面。

项目 10 旅游景点欣赏

1.实训要求

(1) 使用 div、a、ul、li、embed、img 等标记设计"旅游景点欣赏"页面。

(2) 给"旅游景点欣赏"页面增加背景音乐效果。

2.实训内容

(1) 超链接的应用。

(2) 无序列表的使用。

(3) 图像标记的应用。

(4) 背景音乐的应用。

（5）样式表的定义与使用。

（6）嵌入内容 embed 标记的定义与使用。

3．实训所需知识点

（1）超链接 a 标记（与 embed 标记配合使用）。

```
< a   href = "" title = "" target = "embed" >链接内容</a>
```

（2）无序列表 ul 标记。

```
< ul type = "">
    < li type = "">列表项</li>
    < li>列表项</li>
    < li>列表项</li>
</ul>
```

（3）图像 img 标记。

```
< img src = "url" width = "" height = "" alt = "" border = "" align = "">
```

（4）使用 embed 标记（播放背景音乐、嵌入图像文件）。

```
< embed src = "pro31/Sleep - Away.mp3" width = "0" height = "0">
< embed src = "pro31/image - 3 - 1 - wlcc.jpg" name = "embed" type = "text/html" width = "440px"
height = "350px"/>
```

（5）标题、段落及水平分隔线等标记。

```
< h3 >旅游景点欣赏</h3 >
< hr color = "red" size = "3">
< p ></p >
```

4．实训所需素材

在 pro31 文件夹中提供了一个 MP3 文件和 10 个 JPG 文件，在设计页面时可以使用。

5．实训过程与指导

编程实现"旅游景点欣赏"页面，用鼠标单击任一图像超链接，在底部嵌入内容 embed 标记中显示大图像；在任一图像上盘旋时，图像旋转 360°且过渡 0.3s。页面效果如图 3-1 所示。其具体步骤如下：

（1）启动程序，创建 HTML 文档。启动编辑器软件，新建 HTML 网页，在首行插入注释语句，注明程序名称为 prj_3_1.html。格式如下：

```
<!-- prj_3_1.html -->
```

（2）在 HTML 文档的 head 标记中插入样式 style。

（3）在 body 标记中执行如下操作：

① 插入 embed 标记实现背景音乐。

```
< embed src = "pro31/Sleep - Away.mp3" width = "0" height = "0">
```

图 3-1　"旅游景点欣赏"页面

② 插入类名为"div1"的 div。

```
< div class = "div1" ></div >
```

③ 在 div 中分别插入 h3、hr、p、ul 等标记。

- 插入 h3 标记，内容为"中国十大名胜古迹欣赏"。
- 插入 hr 标记，颜色为红色、大小为 3。
- 插入 p 标记。内容如下：

　　万里长城、桂林山水、北京故宫、杭州西湖、苏州园林、安徽黄山、长江三峡、台湾日月潭、承德避暑山庄、西安兵马俑等旅游景点区分布于祖国的东西南北各个区域，包括自然景观、历史建筑、人文景观和文物古迹等。

- 插入 ul 标记，并在 ul 标记中插入 10 个 li 标记，依次在每个 li 标记中插入超链接，并将文字和图像作为超链接的标题，图像放在 pro31 子文件夹中。格式如下：

```
< li >< a href = "pro31/image − 3 − 1 − wlcc. jpg" target = "embed">万里长城< br >< img src =
"pro31/image − 3 − 1 − wlcc. jpg" /></a></li>
```

- 在 div 中插入 embed 标记，并设置 name、src、width、height、type 等属性。嵌入内容 embed 标记中默认显示的图像为 pro31/image-3-1-wlcc.jpg。如下所示：

```
< embed src = "pro31/image − 3 − 1 − wlcc. jpg" name = "embed" type = "text/html" width = "440px"
height = "350px" />
```

（4）在 head 标记中插入 style 标记，并定义 *、div、ul、li、h3、a 等标记的样式。

```
< style type = "text/css">
    * {padding: 0;margin: 0;}
    .div1 {
```

```
        width: 1000px;height: 780px;margin: 0px auto;text - align: center;
        padding: 50px;box - shadow: 0 0 10px ♯F1F2F3;          /* 盒子阴影 */
      }
      h3 {font - size: 36px;color: red;padding - bottom: 10px;}
      p {margin: 5px auto;text - indent: 2em;font - size: 18px;text - align: left;}
      ul {margin: 5px auto;width: 900px;list - style - type: none;height: 320px;}
      li {float: left;width: 150px;height: 130px;margin: 15px;}
      img {border: 0;width: 150px;height: 100px;}
      a:link,a:visited,a:active {text - decoration: none;}
      a:hover {border - bottom: 4px solid ♯FF0000;}
      /* 使用 CSS3 让 img 旋转 360°、过渡 0.3s,此时不能将 a 设置为行内块显示方式;
         若想让整个超链接均有动画效果,则需要将 a 设置为行内块显示方式
         a{display:inline - block;}
         a:hover{transform: rotate(360deg);transition: all 0.3s;}
      */
      a {color: black;text - decoration: none;}
      a:hover img {transform: rotate(360deg);transition: all 0.3s;}
    </style>
```

（5）完成代码设计后打开浏览器,查看页面效果,如图 3-1 所示。单击任一张图后,能够在底部的 embed 标记中浏览该图对应的大图。

项目 11　Web 前端技术新书推荐

1．实训要求

（1）使用 a 与 iframe 标记配合设置图像导航并浏览内嵌网页文件。

（2）使用 marquee 标记实现网页滚动字幕的效果。

（3）使用 div 与 ul 标记设置图像列表。

（4）学会使用字体 font 标记。

2．实训内容

（1）浮动框架标记及属性的应用。

（2）滚动文字标记及属性的应用。

（3）标题字与水平分隔线标记的应用。

（4）图层、无序列表和超链接标记的应用。

（5）字体 font 标记的使用。

（6）样式表的定义与使用。

3．实训所需知识点

（1）定义列表 ul 标记。

```
< ul type = "">
  < li type = "">列表项</li>
  < li>列表项</li>
</ul>
```

（2）样式 style 标记。

```
< style type = "text/css">
    ul{list－style－type:none;}          /* 删除列表项前面的符号 */
    li{margin: 20px; display: inline－block;}   /* 设置边界为 20px、行内块显示方式 */
</style>
```

（3）图层 div 标记。

```
< div >…</div >
```

（4）滚动文字 marquee 标记与字体 font 标记。

```
< marquee behavior = "alternate" direction = "left" height = "36px" bgcolor = "♯F1F2F3"> < font
face = "隶书" size = "5">欢迎大家选用教材,欢迎交流讨论!</font ></marquee >
```

（5）标题字与水平分隔线标记。

```
< h1 align = "center"> Web 前端技术新书推荐</h1 >
< hr color = "red">
```

4．实训过程与指导

编程设计"Web 前端技术新书推荐"页面,效果如图 3-2 所示。其具体步骤如下:

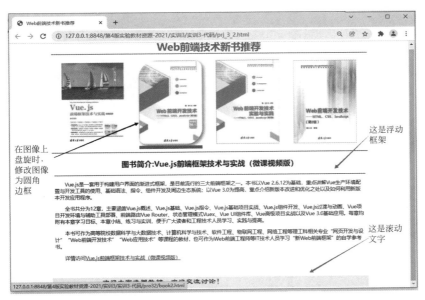

图 3-2　"Web 前端技术新书推荐"页面

（1）启动程序,创建 HTML 文档。启动编辑器软件,新建 HTML 网页,在首行插入注释语句,注明程序名称为 prj_3_2.html。格式如下:

```
<!-- prj_3_2.html -->
```

（2）在 HTML 文档的 head 标记中插入样式 style。

（3）在 body 标记中插入 div 标记,并在 div 标记中分别插入以下标记:

① 插入 h1 标记，内容为"Web 前端技术新书推荐"，效果居中对齐。

② 插入 hr 标记，效果为红色。

③ 插入 ul 标记，在其中插入 4 个图像超链接。图像文件存储在 pro32 子文件夹中，文件分别为 book-l.jpg、book-2.jpg、book-3.jpg、book-4.jpg。超链接的 target 属性值均为 detail，超链接的 href 属性值分别为 pro32/book1.html、pro32/book2.html、pro32/book3.html、pro32/book4.html。

④ 插入 hr 标记，颜色为红色。

⑤ 插入 iframe 标记，定义 name 为 detail、width 为 1000px、height 为 400px、框架边框为 0、src 为 pro32/book1.html。

⑥ 插入滚动文字 marquee 标记。效果为向左交替滚动、高度为 36px、背景颜色为 ♯F1F2F3。内容为 font 标记修饰的"欢迎大家选用教材，欢迎交流讨论!"，字体大小为 5、字体为隶书。

（4）在 style 标记中分别定义 body、ul、li、div 和 marquee 标记样式。

```
<style type = "text/css">
    *  {padding: 0;margin: 0;}
    h1 {color: red;}
    div {margin: 0 auto;width: 1000px;text - align: center;}
    li {margin: 20px;display: inline - block;}
    ul {list - style - type: none;}
    img {width: 200px;}
    a:hover img{border - radius: 55px 25px;box - shadow: 5px 5px 10px ♯DA85D9;}
    a:hover {border - bottom: 10px solid red;}
    marquee {margin: 0 auto;padding: 4px auto;}
</style>
```

（5）完成代码设计后打开浏览器，查看页面效果，如图 3-2 所示。

项目 12 万维网简介

1．实训要求

（1）编程实现万维网简介页面，如图 3-3 所示，要求使用内容嵌入 embed 标记和 a 标记设计页面，当在"1989 年仲夏之夜，蒂姆成功开发出世界上第一个 Web 服务器和第一个 Web 客户机"超链接上盘旋时，显示被隐藏的信息，如图 3-4 所示。

图 3-3　万维网简介初始页面

图 3-4　在超链接上盘旋时的页面

（2）分别使用 embed 标记显示 PNG 图和 MP4 视频文件。

（3）使用 CSS 的 display 属性实现 div 的隐藏与显示。

2．实训内容

（1）超链接的定义与应用。

（2）embed 标记的定义与使用。

（3）段落、标题字与图层标记的使用。

（4）样式表的定义与使用。

3．实训所需知识点

（1）超链接 a 标记。

```
< a href = "" target = "" title = "">…</a>
```

（2）内容嵌入 embed 标记。

```
< embed src = "pro33/What - Is - The - World - Wide - Web.mp4" type = "" width = "600px" height =
"359px">
< embed src = "pro33/tim.png" type = "text/html" width = "640px" height = "359px">
```

（3）段落 p、图层 div、标题字 h2 标记。

```
< p align = "center">…</p>
< div id = "main"></div>
< h2>万维网的发明者、英国计算机科学家:蒂姆·伯纳斯·李(Tim Berners - Lee)</h2>
```

（4）样式 style 标记。

```
< style type = "text/css">
    #container {width: 1260px;margin: 0 auto;text - align: center;}
    a:visited,a:link,a:active {text - decoration: none;}
</style>
```

4．实训过程与指导

使用 div、embed、a 等标记组合实现页面,效果如图 3-3 所示。其具体步骤如下:

（1）启动程序，创建 HTML 文档。启动编辑器软件，新建 HTML 网页，在首行插入注释语句，注明程序名称为 prj_3_3.html。格式如下：

```
<!-- prj_3_3.html -->
```

（2）在 HTML 文档的 head 标记中插入样式 style。

（3）在 body 标记中插入 div 标记。在 div 标记中分别进行下列操作：

① 插入 h2 标记，内容为"万维网的发明者、英国计算机科学家：蒂姆·伯纳斯·李（Tim Berners-Lee）"。

② 插入 embed 标记，并设置 src、type、width、height 等属性。格式如下：

```
< embed src = "pro33/tim.png" type = "text/html" width = "640px" height = "359px">
< embed src = "pro33/What – Is – The – World – Wide – Web.mp4" type = "" width = "600px" height = "359px">
```

③ 插入 div 标记，id 为 main，并在其中插入一个 a 标记和一个子 div 标记。其内容分别如下：

超链接 a 的 href 属性值为"http://info.cern.ch/hypertext/WWW/TheProject.html"，超链接的标题为"1989 年仲夏之夜，蒂姆成功开发出世界上第一个 Web 服务器和第一个 Web 客户机"，文字效果为加粗。

子 div 的 id 为"content"，包含两个 p 标记。其内容如下：

```
    1989 年 12 月，蒂姆为他的发明正式定名为 World Wide Web，即我们熟悉的 WWW;1991 年 5 月 WWW 在 Internet 上首次露面，立即引起轰动，获得了极大的成功，被广泛推广应用。
    Web 通过一种超文本方式把网络上不同计算机内的信息有机地结合在一起，并且可以通过超文本传输协议(HTTP)从一台 Web 服务器转到另一台 Web 服务器上检索信息。Web 服务器能发布图文并茂的信息，甚至在软件支持的情况下还可以发布音频和视频信息。此外，Internet 的许多其他功能，如 E – mail、Telnet、FTP、WAIS 等都可通过 Web 实现。
```

④ 插入 p 标记。其内容为超链接。格式如下：

```
< a href = "http://info.cern.ch/hypertext/WWW/TheProject.html">World Wide Web</a>
```

（4）保存并查看网页，页面效果如图 3-5 所示（未应用样式）。

图 3-5　未定义样式时的初始页面效果图

（5）在 style 标记中分别定义相关样式。

```
< style type = "text/css">
    #container {width: 1260px;margin: 0 auto;text - align: center;}
    embed{display: inline - block;}
    #content {display: none;}
    #content {margin: 0 auto;width: 1260px;font - size: 18px;}
    #content p {text - indent: 2em;font - size: 18px;text - align:left;}
    #main:hover #content {display: block;}
    a{font - size: 18px;padding - top: 10px;width: 100%;
        height: 40px;display: inline - block;
    }
    a:visited,a:link,a:active {text - decoration: none;}
    a:hover {background - color: #F1F2FC;}
    .copyright{width: 100%;height: 50px;background - color: #F1FCFA;}
</style>
```

（6）完成代码设计后打开浏览器，查看页面效果，如图 3-3 所示。

项目 13 "专业课程简介"页面

1．实训要求

使用无序列表与书签链接制作"专业课程简介"页面。

2．实训内容

（1）超链接的定义与使用。

（2）书签的定义与使用。

（3）无序列表的定义与使用。

（4）HTML 注释标记的使用。

3．实训所需知识点

（1）超链接 a 标记。

```
< a name = "书签名称" href = "" target = "">链接内容</a>
```

（2）段落 p 以及标题字 h2、h3 标记。

```
< h2 align = "center">专业课程导航</h2 >
< h3 >< a name = "dir3"></a>大学物理</h3 >
<p>随着科学技术的迅猛发展…</p>
```

（3）无序列表 ul 标记。

```
< ul >
    <li>英语</li>
    <li>高等数学</li>
    <li>大学物理</li>
</ul>
```

（4）样式 style 标记。

```
< style type = "text/css">
    p{text - indent: 2em;                    /* 首行缩进两个字符 * /}
</style >
```

4．书签的定义与使用

通过超链接 a 标记的 name 和 href 属性设置书签名称和书签链接，分为以下两个步骤：

（1）定义书签名称。

```
< a name = "书签名称" >书签标题</a >
```

（2）制作书签链接。

① 同页面内使用书签链接，格式如下：

```
< a href = "＃书签名称" target = "窗口名称"></a >
```

② 异页面内使用书签链接，格式如下：

```
< a href = "url＃书签名称" target = "窗口名称"></a >
```

③ 注释标记：

```
<! -- 注释语句 -->
```

5．实训过程与指导

编程实现"专业课程简介"页面，效果如图 3-6 所示。其具体步骤如下：

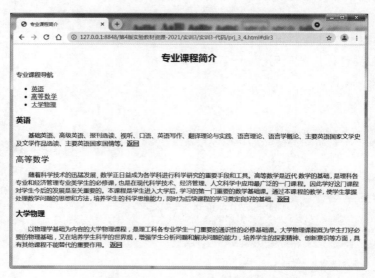

图 3-6　"专业课程简介"页面

（1）启动程序，创建 HTML 文档。启动编辑器软件，新建 HTML 网页，在首行插入注释语句，注明程序名称为 prj_3_4.html。格式如下：

```
<! -- prj_3_4.html -->
```

（2）在 body 标记中进行下列操作：

① 插入 h2 标记，内容为"专业课程导航"，设置 align 属性为居中。

② 用超链接定义根书签名称。代码如下：

```
<a name = "dir0">专业课程导航</a>
```

③ 在 body 中插入一个无序列表，定义课程书签链接导航目录。在无序列表中插入列表项，在列表项里用超链接建立书签链接，书签名称分别为 dir1、dir2、dir3。代码如下：

```
<ul>
    <li><a href = "#dir1">英语</a></li>
    <li><a href = "#dir2">高等数学</a></li>
    <li><a href = "#dir3">大学物理</a></li>
</ul>
```

④ 分别用标题字 h3 标记和段落标记来定义各个书签的具体内容，并设置返回"根书签"的链接。第一个书签和书签对应的内容定义代码如下：

```
    <h3><a name = "dir1">英语</a></h3><! -- 英语 -->
    <p>基础英语、高级英语、报刊选读、视听、口语、英语写作、翻译理论与实践、语言理论、语言学概
论、主要英语国家文学史及文学作品选读、主要英语国家国情等。<strong><a href = "#dir0">返回
</a></strong>
    </p>
```

其他两个书签的代码格式与上类似，书签对应的内容如下：

```
    高等数学
    随着科学技术的迅猛发展,数学正日益成为各学科进行科学研究的重要手段和工具。高等数学
是近代数学的基础,是理科各专业和经济管理专业类学生的必修课,也是在现代科学技术、经济管理、
人文科学中应用最广泛的一门课程。因此学好这门课程对学生今后的发展是至关重要的。本课程是
学生进入大学后学习的第一门重要的数学基础课。通过本课程的教学,使学生掌握处理数学问题的
思想和方法,培养学生的科学思维能力,同时为后续课程的学习奠定良好的基础。返回
    大学物理
    以物理学基础为内容的大学物理课程,是理工科各专业学生一门重要的通识性的必修基础课。
大学物理课程既为学生打好必要的物理基础,又在培养学生科学的世界观,增强学生分析问题和解决
问题的能力,培养学生的探索精神、创新意识等方面,具有其他课程不能替代的重要作用。返回
```

（3）完成代码设计后打开浏览器，查看网页效果，如图 3-6 所示。

课外拓展训练 3

1. 按要求设计 Web 页面，如图 3-7 所示。要求如下：

（1）页面标题为"桂林风景展览"。

（2）正文标题为红色"桂林风景展览"，图片分别为 image31.jpg、image32.jpg、image33.jpg、image34.jpg，图片存储在 kwtz31 子文件夹中；采用无序列表布局，每一个列表项的内容为图像链接，单击小图可以浏览大图。

（3）定义样式。img 标记样式为"宽度 100px、高度 100px、边框 0px"；h3 标记样式为

"红色、居中"；ul 样式为"去除列表项前的符号、内容居中显示、边界上下为 0、左右自动、宽度 520px、高度 150px"；li 样式为"行内块显示、宽度 120px、行高 30px"。

（4）程序名称为 project_3_1.html。

注意：图像圆角边框样式采用的规则如下。

```
a:hover img{
    border - radius: 25px;              /* 盘旋时图像改为圆角边框 */
}
```

图 3-7　桂林风景展览

2. 设计"勤奋好学的四大典故"页面，效果如图 3-8 所示。要求如下：

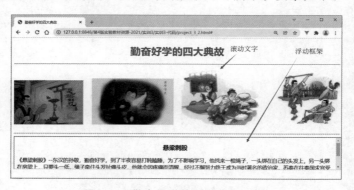

图 3-8　"勤奋好学的四大典故"页面

（1）页面标题为"勤奋好学的四大典故"，页面首行以 1 号标题字显示，标题为"勤奋好学的四大典故"，颜色为红色。

（2）在 body 标记中插入一个 div，并在 div 中插入 h1、hr、marquee、iframe 等标记。设置 div 样式为宽度 1000px、有边界（上下 0、左右自动）。

（3）在 div 中插入 h1 标记，内容为"勤奋好学的四大典故"。页面中间插入两条水平分隔线，分隔线中间滚动文字标记，滚动方式为来回交替滚动。滚动文字标记内插入 4 幅勤奋好学的四大典故的图像，它们分别是 image32-xlcg.jpg（悬梁刺股）、image32-zbtg.jpg（凿壁偷光）、image32-ynyx.jpg（萤囊映雪）、image32-wjqw.jpg（闻鸡起舞），图像文件存储在子文件夹 kwtz32 中，当单击相关超链接时，在下面的浮动框架中打开链接目标。相关超链接信息如表 3-1 所示。在分隔条下面插入一个浮动框架，设置浮动框架的 name 为"content"，默认 src 为"kwtz32/kwtz32-1.html"，宽度为 100%，高度为 100px，浮动框架居中显示。

表 3-1　勤奋好学的四大典故中的超链接信息

href	title
kwtz32/kwtz32-1.html	悬梁刺股
kwtz32/kwtz32-2.html	凿壁偷光
kwtz32/kwtz32-3.html	萤囊映雪
kwtz32/kwtz32-4.html	闻鸡起舞

（4）鼠标悬停在滚动图像上时会停止滚动（设置 onmouseover＝"this.stop();"），鼠标从滚动图像上移出时会继续滚动（onmouseout＝"this.start();"），单击超链接时访问相关链接网站。

（5）程序名称为 project_3_2.html。

第二部分　页面布局技术

实训 4

DIV+CSS综合应用

实训目标

（1）掌握 CSS 基本概念、CSS 类型及 4 种 CSS 样式表的定义方法。

（2）掌握 CSS 中字体、排版、颜色、背景、列表等属性设置。

（3）掌握 div 和 span 标记的语法，学会使用相关 CSS 属性来定义样式。

实训内容

（1）定义 4 种样式表，并学会引用。

（2）自定义外部样式表，并能在 Web 页面中导入或链接外部样式表。

（3）使用 CSS 盒模型的 MBPC（margin、border、padding、content）来精确地定位网页元素，运用段落、字体、颜色、背景及列表等 CSS 专有的属性进行页面的精细加工。

（4）区别 CSS 选择符类型，并能灵活运用各种选择符完成样式的定义。

实训项目

（1）设计"《中国教育网络》杂志简介"页面。

（2）设计"京东商品导购"页面。

项目 14 设计"《中国教育网络》杂志简介"页面

1．实训要求

（1）使用多种 CSS 样式表设计"《中国教育网络》杂志简介"页面。

（2）学会综合运用 DIV＋CSS 进行页面布局设计。

2．实训内容

（1）定义行内样式表（内嵌样式表/内联样式表）。

（2）定义内部样式表。

（3）导入（嵌入）外部样式表。

（4）链接外部样式表。

（5）无序列表的定义与应用。

（6）定义列表的定义与应用。

（7）标题字标记的使用。

3．实训所需知识点

（1）图层 div 标记。

```
< div id = "div1" class = "div2"> … </div >
```

（2）span 标记。

```
< p class = "tip"> < span > 提示：</span > … </p >
```

（3）链接 link 标记。

```
< link type = "text/css" rel = "stylesheet" href = "layout_link.css"/>
```

（4）无序列表 ul 标记。

```
< ul >
    < li > COST 论坛"迎新"系列视频讲座</li >
    < li > 技术应用升级 百所高校 IPv6 蝶变</li >
</ul >
```

（5）超链接 a 标记。

```
< a href = "♯"> 强调应用 移动 IPv6 发展空间无限</a >
```

（6）定义列表 dt 标记。

```
< dl >
< dt > 推荐阅读</dt >
    < dd > 始终保持教育信息化领域第一品牌的市场地位</dd >
    < dd > 成为与中国教育信息化同步发展的核心媒体</dd >
</dl >
```

4．多种样式表的定义

（1）行内样式表。行内样式表是通过标记的 style 属性来进行设置的，行内样式的优先级最高，格式如下：

```
< div style = "background:♯FFFF33;width:100%;height:100px;">
```

（2）内部样式表。内部样式表是在 HTML 的 head 标记中通过 style 标记来定义的，具体格式如下：

```
< style type = "text/css">
    body{background:♯66FFFF;font － size:18px;}
    .div1{width:100%;height:100px;background:♯99CC33;}          /*类选择器*/
    p{color:blue;font － size:32px;}
</style >
```

（3）链接外部样式表。链接样式表通过 link 标记的 href 属性加载外部样式表文件，样式表文件名必须带扩展名.css,否则不能加载，同时对 type、rel 属性进行设置，格式如下：

```
< link type = "text/css" rel = "stylesheet" href = "pro41/layout_link.css"/>
```

（4）导入外部样式表。

```
< style type = "text/css">
    @ import url("pro41/layout_import.css");
</style>
```

导入样式表通过"@import url("样式表文件名")；"实现，该格式中的@与 import 必须连在一起，两者之间不能有空格，并以分号结束，否则也不能加载外部样式文件。

CSS 样式的优先级顺序从高到低为行内样式→ID 样式→类样式→标记样式。

5．实训过程与指导

综合运用 DIV＋CSS 设计"《中国教育网络》杂志简介"页面，效果如图 4-1 所示。其具体步骤如下：

图 4-1　"《中国教育网络》杂志简介"页面

（1）启动程序，创建 HTML 文档。启动编辑器软件，新建 HTML 网页，在首行插入注释语句，注明程序名称为 prj_4_1.html。格式如下：

```
<! -- prj_4_1.html -->
```

（2）在 HTML 文档的 head 标记中插入 style 标记。

（3）在 body 标记中插入第 1 个 div，id 为 div0。采用导入外部样式表 layout_import.css 的方式来定义 div 的样式。导入外部样式表的格式如下：

```
< style type = "text/css">
   @import url("pro41/layout_import.css");
</style>
```

在 layout_import.css 中定义 div 的样式。格式如下：

```
#div0 {
    border: 1px solid red;width: 900px;margin: 5px auto;
    padding: 10px;box-shadow: 0 0 10px #F1DAF3;          /* 设置边框阴影 */
}
```

（4）在 id 为 div0 的图层中插入 4 个子图层，分别插入标题字、无序列表、定义列表、段落等标记完成页面设计。

① 插入 class 为 div1 的 div，第 1 个子图层应用行内样式表。style 属性设置如下：

```
< div class = "div1" style = "background:url('pro41/zw_logo.jpg') no-repeat top left;
width:100%;height:100px;text-align:center;padding:10px 0px;"></div>
```

在第 1 个子 div 中插入 h2、h4 标记，内容分别为"《中国教育网络》杂志简介"和"主管单位：中华人民共和国教育部 主办单位：教育部科技发展中心"。

② 插入 class 为 div2 的 div，第 2 个子图层应用内部样式表。格式如下：

```
.div2 {width: 100%;background: #F0F0F0;height: 100px;
       line-height: 1.5em;padding: 10px 0px;}
```

在 div 中插入 h3 标记，内容为">>推荐阅读"。然后插入一个 ul 标记，插入 6 个列表项，分别设置为超链接。列表项内容分别如下：

```
        COST 论坛"迎新"系列视频讲座、技术应用升级 百所高校 IPv6 蝶变、教育信息化关注"十二五"规划、
2010 下一代互联网发展和应用论坛、教育信息化服务器应用突破壁垒、强调应用 移动 IPv6 发展空间
无限
```

③ 插入 id 为 div3 的 div，第 3 个子 div 应用导入样式表。样式定义格式如下：

```
#div3{padding: 5px 20px;font-size: 14px;clear: both;}
```

在第 3 个子 div 中插入 3 个段落。内容分别如下：

```
    2004 年 12 月,《中国教育网络》杂志正式出版发行。经国家新闻出版署、科技部批准,教育部主
管,教育部科技发展中心主办,中国教育和科研计算机网(CERNET)承办的国家级权威科技期刊《中国
教育网络》正式出版发行。
    立足教育网络,服务于教育信息化,《中国教育网络》关注和解读国家信息化发展政策,全面报道
中国教育网络建设现状及成就,研究探讨教育网络建设的经验与问题。介绍国际上先进的网络技术、
理念,及时报道相关政策及重大事件,广泛反映围绕教育信息化的各种重大应用及重大事件,为领导、
专家、师生及技术人员提供借鉴。
    依托高校及社会各界的优秀专家,《中国教育网络》突出权威性、政策性、前瞻性,为专家及业界人
士提供一个权威的交流与沟通平台。《中国教育网络》已成为中国颇具影响力、权威性的专业期刊,已
成为与中国教育信息化同步发展的核心媒体。
```

④ 插入 id 为 div4 的 div，第 4 个子 div 应用链接外部样式表。格式如下：

```
< link type = "text/css" rel = "stylesheet" href = "pro41/layout_link.css"/>
```

在外部样式 pro41/layout_link.css 中定义 #div4 样式。定义格式如下：

```
#div4{ padding: 5px 20px;margin:10px auto;}
```

在 #div4 中插入 3 个 h3 标记，内容分别为"目标""定位""杂志优势"，然后插入两个定义列表。内容如下：

```
<dl>
    <dd>始终保持教育信息化领域第一品牌的市场地位</dd>
    <dd>成为与中国教育信息化同步发展的核心媒体</dd>
</dl>
<dl>
    <dt>中国教育网络领域的综合杂志</dt>
        <dd>——全面反映教育网络研究、建设、管理及应用、文化、产业化的成就及重大事件。
</dd><dt>受人尊敬的专业权威杂志</dt>
        <dd>——依托政府、教育界、IT产业界专家，专注于教育网络领域，制作高水准的内容。
</dd><dt>创新 IT 媒体服务</dt>
        <dd>——以创新、深入的视角报道教育信息化的进展和变化。</dd>
    <dt>影响高端人士，成为教育信息化宣传队</dt>
        <dd>——服务于教育网络的研究、建设与使用者，通过对高端人群的影响，确立自己作为教
育信息化权威窗口的地位。</dd>
    </dl>
```

在 #div4 中插入若干个段落。段落的内容分别如下：

```
    强有力的政府指导
    在教育部及相关部门的指导下，及时准确地传达、贯彻教育信息化发展的方针、政策、法规等，保
证中国教育网络健康发展，推动教育网络建设与应用。
    权威的专家队伍
    依托 CERNET 及教育信息化领域最权威的专家组成的编辑委员会，《中国教育网络》将为读者提供
高水准的内容，为工作提供高起点的业务及技术指导。
    影响未来的用户群
    《中国教育网络》用户群以教育领域从事互联网建设及应用的领导、专家、教师、科研人员为主，在
该领域具有强大的影响力。
    遍布全国的渠道
    依托各地方教委及 CERNET,《中国教育网络》将建设遍布全国的记者站，伴随教育网络的建设及拓
展，中国教育网络在为读者服务的同时，也将不断壮大自己的渠道网络。
```

(5) 在头部 head 中插入 style 标记，在其中定义相关规则。格式如下：

```
<style type = "text/css">
    @import url("pro41/layout_import.css");
    p {text - indent: 2em;line - height: 1.2em;}
    .div2 {
        width: 100%;background: #F0F0F0;height: 100px;
        line - height: 1.5em;padding: 10px auto;
    }
    li {float: left;width: 256px;margin: 0px 5px;list - style - type: none;}
    span {color: red;}
    a:link,a:visited,a:active {text - decoration: none;color: black;}
```

```
    a:hover {text - decoration: underline;color: red;}
    h3,dt {padding - left: 2em;}
</style>
```

（6）完成代码设计后打开浏览器，查看页面效果，如图 4-1 所示。

项目 15　设计"京东商品导购"页面

1．实训要求

通过设置元素的 margin（边界）、border（边框）、padding（填充）、content（内容）等相关属性设计"京东商品导购"页面。

2．实训内容

（1）图层的定义与样式的应用。

（2）图层、图像、标题字、超链接等标记 CSS 属性的设置。

（3）内部样式表的定义与使用。

（4）CSS 盒模型的 margin、border、padding、content 等属性的设置与应用。

3．实训所需知识点

（1）图层 div 标记。

```
< div class = "div1" id = "div2"></div >
```

（2）样式 style 标记。

```
< style type = "text/css">
    body{text - align:center;}
</style >
```

（3）图像 img 标记。

```
< img src = "pro42/image4 - 1 - 1.jpg" alt = "[Vinhas]彩色斑马系列单肩包 黑色" >
```

（4）标题 h3 标记。

```
< h3 >京东商品导购</h3 >
```

（5）超链接 a 标记。

```
< a href = " # ">< img src = "pro42/image4 - 1 - 5.jpg " alt = ""></a >
```

4．页面结构分析

整个页面由 7 个图层、一个标题字、6 个图像超链接构成。在外围的图层中包含 6 个子图层，每个子图层中包含一个图像超链接。对页面中的各个元素进行 CSS 属性设置，重点学会 margin、border、padding、content 等属性的综合设置。

5．实训过程与指导

编程实现"京东商品导购"页面，具体步骤如下：

（1）文档结构的创建。

① 启动程序，创建 HTML 文档。启动编辑器软件，新建 HTML 网页，在首行插入注释语句，注明程序名称为 prj_4_2.html。格式如下：

```
<! -- prj_4_2.html -->
```

② 保存文件。输入文件名为 prj_4_2.html，然后保存文件。

（2）页面内容设计。

参照页面结构分析，分别在 body 标记中插入一个 div，并在 div 中分别插入一个 h3、6 个 div 标记、6 个图像超链接。

① 插入一个 div，id 为"div0"。

② 在 div0 图层内插入一个 h3 标题字，内容为"京东商品导购"。

③ 在每一个子 div 中分别插入一个图像超链接。子 div 的 class 均为 products。图像存储在 pro42 子文件夹中，文件名分别为 image4-2-1.jpg、image4-2-2.jpg、image4-2-3.jpg、image4-2-4.jpg、image4-2-5.jpg、image4-2-6.jpg。格式如下：

```
< div id = "div1" class = "">
< a href = "♯"><img src = "pro42/image4 - 2 - 1.jpg" alt = "[Vinhas]彩色斑马系列单肩包 黑色">
</a>
</div>
```

图 4-2　初始页面

④ 内容设计完成后保存页面，并查看页面，初始页面效果如图 4-2 所示。

（3）表现设计。

在 style 标记中分别定义 img、图层、超链接、h3 等标记的样式。

① 定义 h3 样式。样式为颜色为红色、字体大小 32px、居中对齐。

② 定义 img 样式。img 标记样式为宽度 186px、高度 205px。

③ 定义父 div 样式。♯div0 样式为宽度 720px、高度 600px、有边框（宽度 1px、实线、边框颜色♯0099FF）、有边界（上下 0、左右自动）、内容水平居中对齐。

④ 定义标题 h3 样式。h3 标记样式为内容水平居中、字体大小为 32px、颜色为红色。

⑤ 定义 6 个子图层样式。.products 的样式为边界 10px、有边框（宽度 1px、双线、颜色♯9999CC）、向左浮动、内容水平和垂直均居中显示、宽度 208px、高度 225px。

⑥ 定义图层中超链接所包含的 img 的样式。div a img 样式为有边框（宽度 10px、线型 groove、边框颜色♯9999CC）。

⑦ 定义图层中超链接盘旋时 img 的边框样式。

div a：hover img 样式为有边框（粗细 10px、线型 dashed、边框颜色♯9999CC）。

（4）保存并查看网页。

完成设计后通过浏览器查看页面效果，如图 4-3 所示。

图 4-3　"京东商品导购"页面应用样式后的效果

课外拓展训练 4

1. 设计"文轩图书榜"页面，效果如图 4-4 所示。要求如下：

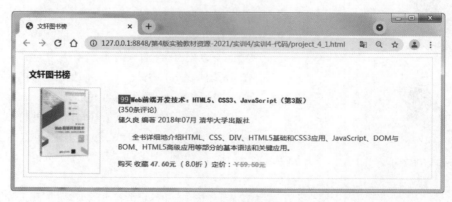

图 4-4　文轩图书榜

（1）页面标题为"文轩图书榜"。

（2）页面内容为一个标题、3 个图层，其中一个图层中包含两个并列的子图层。第 1 个子图层插入一幅图像 kwtz41/image41.jpg,第 2 个子图层插入一个无序列表。列表项的内容分别如下：

- 99 Web 前端开发技术：HTML5、CSS3、JavaScript(第 3 版)
- (350 条评论)
- 储久良　编著 2018 年 07 月 清华大学出版社
- 全书详细地介绍 HTML、CSS、DIV、HTML5 基础和 CSS3 应用、JavaScript、DOM 与 BOM、HTML5 高级应用等部分的基本语法和关键应用。
- 购买　收藏 47.60 元 (8.0 折) 定价：¥59.50 元

外图层♯div0 样式为"宽度 900px、高度 260px、有边框(宽度 1px、实线、边框颜色♯F0F0F0)、有边界(上下 0、左右自动)、填充 10px"。

第 1 个子图层♯div1 样式为"宽度 160px、高度 198px、有边框(宽度 1px、实线、边框颜色♯E0E0E0)、向左浮动"。

第 2 个子图层♯div2 样式为"宽度 700px、高度 200px、向左浮动"；第 2 个子图层内的无序列表 ul 标记样式为"去除列表项前的符号"；列表项的行高为"1.5 倍"。

第 1 个列表项中的"99"span 标记的 sp1 类样式为"背景色♯FF0033、颜色白色、宽度 10px、高度 10px"；"Web 前端开发技术：HTML5、CSS3、JavaScript(第 3 版)"span 标记的 sp2 类样式为"字体特粗、大小 16px、黑体"。

第 3 个列表项中的"清华大学出版社"span 标记的 sp3 类样式为 "颜色♯FF0033、字体特粗、字大小 16px、黑体"。

第 4 个列表项内段落首行缩进两个字符。

第 5 个列表项中的"59.50 元"span 标记的 sp4 类样式为"颜色♯C0C0C0、字体特粗、大小 16px、黑体、有删除线效果"。

(3) 以 3 号标题显示"文轩图书榜"。

(4) 程序名称为 project_4_1.html。

2. 设计"巴城老街风景"页面,效果如图 4-5 所示。要求如下：

图 4-5　"巴城老街风景"页面

（1）页面标题为"巴城老街风景"。

（2）网页内容标题：以 h3 标题字标记显示内容"巴城老街风景"，标记样式为"字体大小 48px、1.5 倍行距、右对齐、颜色白色、背景♯009966、右填充 40px"。

（3）段落内容为"巴城老街位于江苏的阳澄湖。在江南，人们都喜欢吃又香又肥腻的阳澄湖大闸蟹，大闸蟹的产地就在巴城。相传第一个吃螃蟹的人巴解就是巴城老街的人。"；段落样式为"首行缩进两个字符、大小 28px、行距 1.5 倍、字符间距 2px、有下画线"。

（4）在一个图层 div(id 为 div1)中插入 4 幅图像，图像存储在 kwtz42 子文件夹中，文件名分别为 image42-1. jpg～image42-4. jpg。img 标记样式为"填充 10px、宽度 180px、高度 140px、边框宽度 10px、样式 groove、边框颜色♯009966"。图层 div(id 为 div1)的样式为"宽度 100％、高度 180px、行内块显示方式、内容居中对齐"。

（5）图层 div(id 为 div0)的样式为"宽度 1000px、高度 520px、填充 10px、有边界(上下 0、左右自动)、有边框阴影(水平和垂直阴影 0、传播距离 10px、颜色♯DADADA)"。

（6）程序名称为 project_4_2. html。

实训 **5**

DIV+CSS布局规划

实训目标

　　(1) 熟悉常见网页布局结构类型。

　　(2) 能够对主流商业网站布局结构进行分析。

　　(3) 综合运用 DIV＋CSS 对小型网站页面进行布局规划、编写代码实现布局效果。

实训内容

　　(1) 使用 CSS 对 DIV 进行样式定义,实现图层定位与布局。

　　(2) 使用 CSS 的 float 属性来实现图层中多个子图层的水平排列。

　　(3) 使用 DIV＋CSS 完成常见的页面布局代码设计。

　　(4) 综合运用 DIV＋CSS 技术模拟真实网站进行网页仿真设计。

实训项目

　　(1) DIV＋CSS 页面布局设计。

　　(2) 设计"Web 前端开发技术课程网站"页面。

项目 16　DIV＋CSS 页面布局设计

1．实训要求

　　(1) 固定型页面布局设计。用 DIV、CSS 实现如图 5-1 所示的布局效果。

　　(2) 用 DIV＋CSS 完成如图 5-2 所示的页面布局效果。

　　(3) 弹性页面布局设计。所谓"弹性"是指宽度与高度的单位为百分比,而不是具体的数值。用 DIV＋CSS 完成如图 5-3 所示的页面布局设计。

2．实训内容

　　(1) DIV 创建与 DIV 嵌套。

　　(2) DIV 属性的设置与应用。

　　(3) DIV 样式引用方法。

　　(4) 外部样式表的定义与引用。

图 5-1　DIV＋CSS 固定型页面布局之一

图 5-2　DIV＋CSS 固定型页面布局之二

图 5-3　DIV＋CSS 弹性页面布局

3．实训所需知识点

（1）图层 div 标记。

```
< div style = "position: absolute;left:10px;top:10px;width:100px;height:100px;
background: red;"></div>
```

（2）链接 link 标记。

```
< link type = "text/css" rel = "stylesheet" href = "外部样式表文件名称" />
```

（3）样式 style 标记。

```
< style type = " ">
    @ import url("外部样式表文件名称");
</style>
```

4．页面结构分析

网站首页一般采用 DIV＋CSS 结构进行布局，页面 DIV 结构如图 5-4 所示。

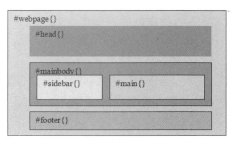

图 5-4　页面 DIV 结构

（1）HTML 代码中的 DIV 结构规划。

```
< div id = "webpage">        <! -- 页面层容器 -->
    < div id = "head">        </div><! -- 页面头部 -->
    < div id = "mainbody">    <! -- 页面主体 -->
        < div id = "sidebar"><! -- 侧边栏 --></div>
        < div id = "main">    <! -- 主体内容 --></div>
    </div>
    < div id = "footer">      <! -- 页面底部 --></div>
</div>
```

（2）编写外部样式表 css.css。

```
/* css.css */
/*基本信息*/
body{font:12px Tahoma; margin:0px; text-align:center; background:#FFFFFF;}
/*页面样式*/
#webpage{width:100%;}
/*页面头部样式*/
#head {width:800px;margin:0 auto;height:100px;background:#FFCC99;}
/*页面主体样式*/
#mainbody{width:100%; margin:8px auto;}
#sidebar{background:#99CC33; width:25%; text-align:left; float:left;
        overflow:hidden;}
#main{background:#66FF66; width:75%; text-align:left; float:right;
        overflow:hidden;}
#footer{margin:0 auto; width:800px; height:50px;background:#00FFFF; clear:both;}
```

（3）链接外部样式表。

```
< link href = "css.css" rel = "stylesheet" type = "text/css" />
```

5．实训过程与指导

编程分别实现图 5-1～图 5-3 所示的布局效果。以图 5-1 为例，具体步骤如下：

(1) 文档结构的创建。

① 启动程序，创建 HTML 文档。启动 VS Code 或 HBuilder X 软件，新建 HTML 网页，在首行插入注释语句，注明程序名称为 prj_5_1_1.html。格式如下：

```
<!-- prj_5_1_1.html -->
```

② 保存文件。输入文件名为 prj_5_1_1.html，然后保存文件。

(2) 页面内容设计。

参照图 5-1 所示的页面结构分析，分别在 body 标记中插入 8 个 div，并在 div 中插入相关提示信息。

① 在 body 标记中插入父 div，设置 id 为 container。

② 在父 div 中插入子 div，设置 id 为 header，内容为"这是头部信息区"。

③ 在父 div 中插入子 div，设置 id 为 nav，内容为"这是导航信息区"。

④ 在父 div 中插入子 div，设置 id 为 maincontent，内容中包含两个子 div，两个子 div 的 id 分别为 main、side，内容分别为"这是主体信息区""这是右侧信息区"。

⑤ 在父 div 中插入子 div，设置 class 为 clearfloat，内容为空，用于清除图层浮动。

⑥ 在父 div 中插入子 div，设置 id 为 footer，内容为"这是版权信息区"。

(3) 表现设计。

① 在 head 标记中插入 link 标记，链接外部样式表，格式如下：

```
<link href = "pro51/layout_1.css" rel = "stylesheet" type = "text/css"/>
```

② 创建外部样式文件 layout_1.css。

③ 在 layout_1.css 文件中分别定义全局样式及各 div 样式。具体样式定义描述如下：

- 全局样式定义为边界上下 0px、左右自动、字体特粗、大小 28px、行高 1.5em。
- ♯container 样式为宽度 900px、边界上下 0px、左右自动。
- ♯header 样式为高度 70px、背景颜色♯CCFFCC、底边界 8px。
- ♯nav 样式为高度 40px、背景颜色♯CCFFCC、底边界 8px。
- ♯maincontent 样式为底边界 8px。
- ♯main 样式为图层向左浮动、宽度 664px、高度 400px、背景颜色♯FFFF99。
- ♯sidebar 样式为图层向右浮动、宽度 228px、高度 400px、背景颜色♯FFCC99。
- .clearfloat 样式为清除图层左、右浮动。
- ♯footer 样式为高度 70px、背景颜色♯CCFFCC、顶边框粗细 8px、线型实线、白色。

(4) 保存并查看网页。

完成设计后通过浏览器观看页面效果，如图 5-1 所示。

根据图 5-2 和图 5-3 所示的页面效果设计 HTML 代码的 DIV 结构，在 body 标记中插入相应的 div，分别在不同的图层中插入相关提示信息，根据页面布局效果，参照 layout_1.css 格式编写外部样式文件 layout_2.css、layout_3.css。格式如下：

- /* pro51/layout_2.css */

```
* {font - weight:bolder;font - size:28px; margin:0;}
# container{margin:0 auto; width:900px;}
# header{height:100px; background:#6CF;margin - bottom:5px;}
# maincontent{margin - bottom:5px;}
# sidebar{float:left;width:200px;height:500px;background:#9FF;}
# content{float:right;width:695px;height:500px;background:#CFF;}
```

- /* pro51/layout_3.css */

```
* {padding:0px;margin:0 auto;font - weight:bolder;font - size:24px;}
# container{width:100%;}
# header{height:100px;background:#99CC66;margin - bottom:5px;}
# menu {height:30px;background:#669933;margin - bottom:5px;}
# maincontent{margin - bottom:5px;height:350px;}
# sidebar{float:left; height:350px;background:#CCFF99;}
# content{margin - left:205px ;height:350px; background:#FFFFAA;}
# footer{height:60px; background:#99CC66;}
.clearfloat{clear:both;}
span{padding: 0 10px;}
```

项目 17　设计"Web 前端开发技术课程网站"页面

1．实训要求

（1）运用 DIV＋CSS 进行页面布局，参照图 5-5 和图 5-6 所示的页面效果设计"Web 前端开发技术课程网站"页面。

图 5-5　"Web 前端开发技术课程网站"首页

（2）学会使用多种样式表分别对页面中的文字、段落、图像等元素进行样式定义。

（3）学会创建 DIV、设置 DIV 的属性。

（4）学会编写外部样式表文件，并链接到 HTML 文档中。

图 5-6　在一级导航菜单上盘旋时的二级导航菜单效果页面

2．实训内容

（1）使用 DIV+CSS 布局完成"Web 前端开发技术课程网站"的页面布局。

（2）设计网站首页和二级导航菜单。

（3）定义图层和嵌套图层。

（4）定义并引用内部样式表、外部样式表。

3．实训所需知识点

（1）图层 div 标记。

```
< div id = "div1" class = " div2"> … </div>
```

（2）链接 link 标记。

```
< link type = "text/css" rel = "stylesheet" href = "pro52/link – 5 – 2.css"/>
```

（3）样式 style 标记。

```
< style type = "text/css">
  @import url("pro52/link – 5 – 2.css");
  #nav{background:#209060;width:100%;line – height:40px;color: white;}
</style>
```

（4）无序列表 ul 标记（显示两层菜单）。

```
< ul >
    < li >首页</li>
    < li onmouseover = "changeHeight()" onmouseout = "returnHeight()">
     < a href = "#">HTML 基础< span class = "rotate">⚘</span></a>
     < div class = "submenu">
     < ul >
       < li >< a href = "">文本、段落与列表</a></li>
       < li >< a href = "">超链接与浮动框架</a></li>
```

```
      <li><a href = "">图像与多媒体文件</a></li>
      <li><a href = "">表格与表单</a></li>
    </ul>
  </div>
  </li>
</ul>
```

（5）脚本 script 标记。

```
<script type = "text/javascript">
    function changeHeight() {
        // $("nav"). style. height = '154px';
        $("header"). style. height = '455px';
    }
</script>
```

（6）其他常用标记。

```
<h1>网络教学平台</h1>
<h3>课程资源</h3>
<hr color = "♯BC0000">
<p>Web 前端开发技术联盟,Copyright &copy;2020—2025 版权所有.</p>
```

4．页面设计要求

页面布局结构如图 5-7 所示,将页面分成 header(bd-link、nav)、main(title、left、right)、footer 等区域。

5．实训过程与指导

编程实现"Web 前端开发技术课程网站"的首页,具体步骤如下:

（1）文档结构的创建。

① 启动程序,创建 HTML 文档。启动编辑器软件,新建 HTML 网页,在首行插入注释语句,注明程序名称为 prj_5_2.html。格式如下:

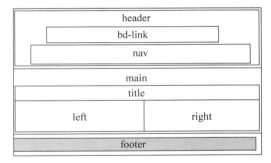

图 5-7 "Web 前端开发技术课程网站"
的页面布局结构

```
<!-- prj_5_2.html -->
```

② 保存文件。输入文件名为 prj_5_2.html,然后保存文件。

（2）页面内容设计。

① 页面布局规划。根据图 5-7 在 body 标记中插入相关 div,形成 DIV 嵌套结构。代码如下:

```
<div id = "container">
    <div id = "header">
        <div class = "bd - link"></div>
        <div id = "nav">
            <div class = "navmenu"></div>
```

```
        </div>
      </div>
      <div class = "main">
        <div id = "title"></div>
        <div id = "left"></div>
        <div id = "right"></div>
      </div>
      <div id = "footer"></div>
    </div>
```

② 在 id 为 nav 的 div 标记中插入 class 为 navmenu 的 div，在其中插入无序列表，设计一级导航菜单。代码如下：

```
<div id = "nav" class = "">
    <ul>
        <li><a href = "#">首页</a></li>
        <li onmouseover = "changeHeight()" onmouseout = "returnHeight()">
        <a href = "#">HTML 基础<span class = "rotate">⌂</span></a>
            <div class = "submenu">
                <ul>
                    <li><a href = "">文本、段落与列表</a></li>
                    <li><a href = "">超链接与浮动框架</a></li>
                    <li><a href = "">图像与多媒体文件</a></li>
                    <li><a href = "">表格与表单</a></li>
                </ul>
            </div>
        </li>
        <li>…</li>    <!-- 其余导航菜单与第 2 个子菜单结构类似 -->
    </ul>
</div>
```

一级导航菜单为"首页""HTML 基础""CSS""JavaScript""HTML5&CSS3 基础""HTML5 高级应用"。二级导航菜单分别如下。

HTML 基础："文本、段落与列表""超链接与浮动框架""图像与多媒体文件""表格与表单"。

CSS："CSS 基础""DIV＋SPAN""CSS 样式属性""DIV＋CSS 页面布局"。

JavaScript："JavaScript 基础""事件分析""DOM 与 BOM"。

HTML5&CSS3 基础："HTML5 基础""CSS3 转换""CSS3 过渡""CSS3 动画"。

HTML5 高级应用："Web Storage""Canvas""Web Worker"。

注意：除第一个"首页"导航菜单外，其余的导航菜单均有二级导航菜单，并且在 li 标记上需要增加 onmouseover、onmouseout 等事件属性，绑定事件处理函数分别为 changeHeight()、returnHeight()，完成当鼠标指针在一级导航菜单上盘旋时能够改变 id 为 header 的 div 的高度，从而实现菜单拉伸的动态效果。

③ 在 class 为 main 的 div 标记中插入 3 个 div，其 id 分别为 title、left、right。

• 在 id 为 title 的 div 中插入 h1 标记。内容如下：

```
<a href = "#">《Web 前端开发技术》教材获中国大学出版社图书奖优秀教材奖</a>
```

• 在 id 为 left 的 div 中插入 img 标记。内容如下：

```
< img src = "pro52/book3.jpg" width = "600px" height = "350px">
```

- 在 id 为 right 的 div 中插入两个 h3 和两个 ul 标记。内容如下：

```
<h3>网络教学平台</h3>
<ul>
   <li><a href = "http://i.mooc.chaoxing.com">
      <span class = "red">♡</span>泛雅平台</a></li>
   <li><a href = "https://www.xueyinonline.com/">
      <span class = "red">♡</span>学银在线</a></li>
   <li><a href = "https://www.wqketang.com/">
      <span class = "red">♡</span>文泉课堂</a></li>
</ul>
<h3>课程资源</h3>
<ul id = "source">
   <li><a href = "#"><span class = "red">✿</span>新形态教材</a></li>
   <li><a href = "#"><span class = "red">✿</span>教学大纲</a></li>
   <li><a href = "#"><span class = "red">✿</span>教学 PPT</a></li>
   <li><a href = "#"><span class = "red">✿</span>教学视频</a></li>
   <li><a href = "#"><span class = "red">✿</span>实训视频</a></li>
   <li><a href = "#"><span class = "red">✿</span>习题与答案</a></li>
   <li><a href = "#"><span class = "red">✿</span>试卷库</a></li>
   <li><a href = "#"><span class = "red">✿</span>习题作业库</a></li>
</ul>
```

④ 在 id 为 footer 的 div 标记中插入 hr、p 标记。内容如下：

```
< hr color = "#BC0000">
<p>Web 前端开发技术联盟,Copyright &copy;2020—2025 版权所有.</p>
```

⑤ 完成上述操作后,整个页面的内容信息添加完毕。保存页面,并在浏览器中查看网页,效果如图 5-8 所示。

图 5-8 "Web 前端开发技术课程网站"首页(未应用样式)

(3)表现设计。

在 style 标记中分别定义相关标记的样式,其样式要求如下。

① 定义全局声明 * 样式。* 样式为填充、边界均为 0。

② 定义最外层 div 样式。♯container 样式为边界上下 0、左右自动、宽度 100%。

③ 定义 a 标记中 span 标记的样式。样式为字体大小 22px、有填充（上下 0、左右 5px）。

④ 定义 ul 中的 a：link、a：visited、a：active 样式。a：link、a：visited、a：active 样式为颜色为白色、字符装饰为无。

⑤ 定义 class 为 main 的 div 样式。.main 样式为宽度 1200px、高度 410px、有填充（上下 20px、左右自动）、有边界（上下 0、左右自动）、文本居中对齐。

⑥ 定义 id 为 title 的 div 样式。♯title 样式为宽度 100%、高度 60px、文本居中对齐。定义其中的 h1 标记样式为颜色♯8B0000、字体黑体、大小 28px、顶部填充 16px。定义 h1 标记中 a：visited、a：link、a：active 的样式为颜色♯8B0000、字符装饰为无。定义 a：hover 样式为颜色♯8B0000、字符装饰为下画线。

⑦ 定义 id 为 left 和 right 的 div 样式。样式为行内块显示方式、宽度 560px、高度 350px、向左浮动、文本居中对齐、填充 10px。

⑧ 定义 id 为 right 的 div 中的 ul li a 标记样式。样式为字符装饰无、颜色黑色、字体大小 22px、填充 5px、左右浮动、宽度 150px。定义其中的 a：hover 样式为背景颜色♯F1F2F3。

⑨ 定义 id 为 right 的 div 中的 ul 标记样式。样式为文本居左对齐、左填充 50px、列表样式类型无。

⑩ 定义 h3 标记样式。样式为清除左右浮动、高度 60px、字体大小 28px、顶部填充 15px、颜色红色。

⑪ 定义 class 为 red 的 span 标记样式。样式为颜色红色、字体大小 24px。

⑫ 定义 id 为 source 的 ul 标记样式。样式为行内块显示方式、文本居中对齐。定义其中的 li 标记样式为背景颜色♯006E38、行内块显示方式。

⑬ 定义 id 为 footer 的 div 样式。样式为宽度 100%、有边界（上下 0、左右自动）、清除左右浮动、文本居中对齐、字体大小 20px、行高 40px。

（4）保存并查看网页。

完成设计后通过浏览器查看页面效果，如图 5-5 所示。

课外拓展训练 5

1. 采用 DIV＋CSS 设计页面布局，效果如图 5-9 所示。要求如下：

（1）采用内部样式表，分别定义不同 div 样式。

- 定义全局样式为字体标粗、大小 16px、填充和边界上下均为 0、左右自动。

- ♯container 样式为宽度 100%、填充上下 0、左右自动、边界上下 0、左右自动。

- ♯header 样式为宽度 100%、高度 70px、背景颜色♯BEBEBE。在 div 中插入 img 标记，设置 src 为 wktz51/w3school.png、高度为 100%、宽度为 100%。

- ♯nav 样式为宽度 100%、高度 32px、背景颜色♯FBFBFB。在导航中无序列表无符号、水平居中显示，列表项为行内元素、填充上下 5px、左右 15px。

- ♯mainbody 样式为宽度 100%、高度 300px、填充上下 0、左右自动、边界上下 0、左右自动。

- ♯left 样式为图层向左浮动、背景颜色♯EFEFEF、宽度 15%、高度 300px。其中无序列表为无符号的列表,边界为20px。

- ♯middle样式为边界上下0、左右15%、高度300px、首行缩进两个字符。
- ♯right样式为图层向右浮动、背景颜色♯EFEFEF、宽度15%、高度300px。
- ♯footer样式为宽度100%、高度50px、背景颜色♯B6B6B6、内容水平居中显示、填充10px。
- ♯clearfloat样式为清除图层左右浮动。

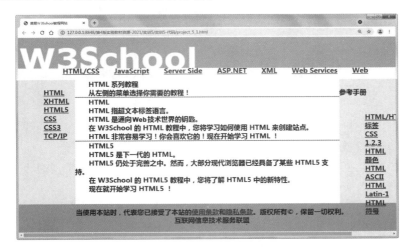

图 5-9　"简易 W3School 教程网站"页面

（2）程序名称为 project_5_1.html。

附:文字内容如下。

导航菜单:HTML/CSS、JavaScript、Server Side、ASP.NET、XML、Web Services、Web。
左侧导航菜单:HTML、XHTML、HTML5、CSS、CSS3、TCP/IP。
右侧导航菜单:参考手册、HTML/HTML5、标签、CSS 1,2,3、HTML 颜色、HTML ASCII、HTML Latin-1、
HTML 符号。
中间图层内容:
HTML 系列教程
从左侧的菜单选择你需要的教程!
HTML
HTML 指超文本标签语言。
HTML 是通向 Web 技术世界的钥匙。
在 W3School 的 HTML 教程中,您将学习如何使用 HTML 来创建站点。
HTML 非常容易学习!你会喜欢它的!现在开始学习 HTML!
HTML5
HTML5 是下一代的 HTML。
HTML5 仍处于完善之中。然而,大部分现代浏览器已经具备了某些 HTML5 支持。
在 W3School 的 HTML5 教程中,您将了解 HTML5 中的新特性。
现在就开始学习 HTML5!

2. 设计"HTML5 简介"页面,效果如图 5-10 所示。要求如下:

（1）页面标题为"HTML5 简介"。

（2）网页内容标题:以 h2 标题字标记分别显示"HTML5 是如何起步的?""为 HTML5 建立的一些规则:",h2 标记样式为字体加粗、颜色白色、背景♯006633、填充10px。

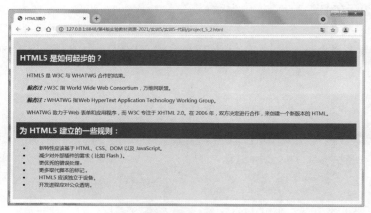

图 5-10　"HTML5 简介"页面

（3）在第 1 个标题下每行一个段落,默认大小和字体;但"编者注:"的样式为"加粗、斜体";所有段落向右缩进两个字符、行高 1.5 倍。

（4）在第 2 个标题下是一个无序列表,采用默认格式显示,但无序列表也向右缩进两个字符、行高 1.5 倍。

（5）所有内容放在图层中,图层 div 的样式为上下填充 20px、左右填充 10px。

（6）程序名称为 project_5_2.html。

附:文字内容如下。

> HTML5 是如何起步的?
> HTML5 是 W3C 与 WHATWG 合作的结果。
> 编者注:W3C 指 World Wide Web Consortium,万维网联盟。
> 编者注:WHATWG 指 Web HyperText Application Technology Working Group。
> WHATWG 致力于 Web 表单和应用程序,而 W3C 专注于 XHTML 2.0。在 2006 年,双方决定进行合作,来创建一个新版本的 HTML。
> 为 HTML5 建立的一些规则:
> 新特性应该基于 HTML、CSS、DOM 以及 JavaScript。
> 减少对外部插件的需求(比如 Flash)。
> 更优秀的错误处理。
> 更多取代脚本的标记。
> HTML5 应该独立于设备。
> 开发进程应对公众透明。

实训 6

表格与表格页面布局

实训目标

（1）掌握设计表格的各种标记及其属性。

（2）掌握表格行标记的属性及设置方法。

（3）掌握表格单元格的各种属性及设置方法。

（4）学会使用表格进行 Web 页面布局设计。

实训内容

（1）使用表格标记和表格属性完成简易表格的设计。

（2）使用表格背景图像和单元格合并属性设置完成日程表页面的设计。

（3）使用表格布局模拟真实网站设计简易的电子政务网站。

（4）使用 CSS 样式对表格和单元格内容进行样式定义并引用。

实训项目

（1）设计"TF43：前端的发展与未来-日程表"页面。

（2）简易电子政务网。

项目 18 设计"TF43：前端的发展与未来-日程表"页面

1．实训要求

（1）使用表格标记和标记属性设计"TF43：前端的发展与未来-日程表"页面，如图 6-1 所示。

（2）分别设置表格行的背景颜色等相关属性。

（3）设置表格的单元格属性。

（4）设置图层 div 的 position 等相关属性，完成表格与图层混合布局。

2．实训内容

（1）设置表格的行和列。

（2）设置单元格合并（跨行 rowspan 和跨列 colspan 属性）。

（3）设置表格的行 tr 属性。

图 6-1 "TF43：前端的发展与未来-日程表"页面

（4）设置表格的单元格 td 属性。

（5）设置表格的背景颜色与背景图像。

（6）设置图层的样式属性。

3．实训所需知识点

（1）表格 table 标记。

```
< table align = "center" border = "1" cellspacing = "0px" >
    < caption >…</caption >
    < tr align = "center" valign = "middle">
        < th >…</th > < th >…</th >
    </tr >
    < tr >
        < td >…</td > < td >…</td >
    </tr >
</table >
```

（2）图层 div、p、h2、h3 等标记。

```
< div id = "div0"></div >
< h3 >CCF TF 技术前线</h3 >
< h2 align = "center">TF43：前端的发展与未来论坛</h2 >
< p >今天的 Web 前端在各个公司都是不可或缺的岗位，…</p >
```

（3）样式 style 标记。

```
< style type = "text/css">
    * {padding:0;margin:0;}
    #div0{ width: 720px;height: 626px;margin: 0 auto; position: relative;}
</style >
```

（4）表格行 tr、th 标记。

```
< tr align = " " valign = " ">
  < th >会议时间</th >
```

```
  <th>演讲人</th>
  <th>会议名称</th>
</tr>
```

（5）单元格 td 标记。

- 跨列属性设置：

```
< td colspan = "3">…</td>
```

- 跨行属性设置：

```
< td rowspan = "6">…</td>
```

4．实训过程与指导

编程实现"TF43：前端的发展与未来-日程表"页面，如图 6-1 所示。其具体步骤如下：

（1）文档结构的创建。

① 启动程序，创建 HTML 文档。启动编辑器软件，新建 HTML 网页，在首行插入注释语句，注明程序名称为 prj_6_1.html。格式如下：

```
<!-- prj_6_1.html -->
```

② 保存文件。输入文件名为 prj_6_1.html，然后保存文件。

（2）页面内容设计。

① 在 body 标记中插入一个 id 为 div0 的 div。

② 在 id 为 div0 的 div 中分别插入 id 为 div1 和 div2 的两个 div 和一个表格。让 id 为 div2 的图层层叠在 table 表格第 1 行的左边中间，并向左突出 35px。

③ 在 div1 中插入 h2 标题字标记，内容为"TF43：前端的发展与未来论坛"。

④ 在 div1 中插入两个 p 标记，内容分别如下：

　　　　前端是互联网技术的重要一环，自 20 世纪 80 年代万维网技术创立以来，Web 成就了大量成功的商业公司，也诞生了诸多优秀的技术解决方案。因其标准性和开放性，前端技术社区非常活跃。前端技术虽然起步较晚，但是发展速度非常快。

　　　　今天的 Web 前端在各个公司都是不可或缺的岗位，职能也从纯粹的 Web 前端，扩展到小程序、与客户端混合编程、IoT 等诸多领域，此次 TF 邀请到各个顶级互联网公司的前端最高负责人，旨在分享前端团队的管理和发展思路。

⑤ 在 div2 中插入 h3 标记，内容为"CCF TF 技术前线"。难点是如何让该图层层叠在表格第 1 行的中间且向左突出 35px？

注意：需要设置 div2 的 position 属性为 absolute，同时将父 div（id 为 div0）的 position 属性设置为 relative，这样才能实现 div2 层叠的效果。

⑥ 在 div0 中插入 13×3 的表格，分别完成表头、表体内容的设置。

- 设置表格属性：居中对齐、边框 1px、宽度 720px、高度 420px、单元间距 0px。
- 设置表格第 1 行：设置行高为 82px，设置 3 个单元格跨列合并，在单元格中插入一个图层，并在其中插入 5 个 p 标记，内容分别如下。

只为技术专家
CCF TF 第 43 期
主题　前端的发展与未来
2021 年 7 月 31 日 9:00—17:30
中科院计算所 四层报告厅(北京海淀区科学院南路 6 号)

- 设置表格第 2 行：第 2 行为表格的表头，定义行高为 35px，id 为 row2。在行中插入 3 个 th 标记，内容分别为会议时间、演讲人、会议名称。
- 表格其余行的内容设置参照表 6-1。表格第 6、8、11、13 行中第 2 个单元格跨两列居中。

表 6-1　《TF43：前端的发展与未来》日程表

只为技术专家
CCF TF 第 43 期
主题　前端的发展与未来
2021 年 7 月 31 日 9：00—17：30
中科院计算所 四层报告厅(北京海淀区科学院南路 6 号)

会议时间	演讲人	会议名称
09：00—09：10	张高 CCF TF 前端 SIG 主席	开场致辞
09：10—10：05	姜凡 淘系技术部前端团队负责人，阿里巴巴经济体前端技术委员会主席	《淘系前端价值体系的思考》
10：05—11：00	月影 字节跳动技术中台前端团队负责人，ByteTech 和掘金社区负责人	《技术社区与职业成长》
11：05—11：10	Break	
11：10—12：05	贺师俊（hax）开放原子开源基金会 TOC 成员，Ecma-TC39 特邀专家	《我们如何参与 JS 语言标准的制定》
12：05—13：30	午餐	
13：30—14：25	赵锦江 Shopee 新加坡前端委员会负责人	《从海外视角看前端团队的组织与发展》
14：25—15：20	杨永林 贝壳如视技术中心负责人，如视工程部负责人	《前端三维技术的应用前景》
15：20—15：30	Break	
15：30—16：25	周鹏 软件与体验部 高级前端工程师/小米集团技术委 前端技术委员会 委员	《前端在"手机 xAIoT"领域的探索》
16：30—17：30	圆桌论坛	

⑦ 完成代码编写后保存网页，查看网页效果，如图 6-2 所示。

（3）表现设计。

在 style 标记中分别定义相关标记的样式。其代码如下：

```
<style type = "text/css">
    * {padding: 0;margin: 0;}
    #div0 {width: 720px;height: 626px;margin: 0 auto; position: relative; }
    p {text - indent: 2em;}
    #div2 {width: 200px;height: 40px;background - color: #0000CC;
            color: white;position: absolute;top: 60px;left: - 35px;}
```

图 6-2 日程表初始页面

```
    h3 {font-size: 20px;color: white;padding: 10px 20px;font-family: 微软雅黑;}
    table {font-size: 12px;}
    .row1 {background: #E1E1E1;text-align: center;}
    #row2 {background: #E3E3E3;}
    #td1 {text-align: center;}
</style>
```

（4）保存并查看网页。

保存网页后查看网页效果，如图 6-1 所示。

项目 19 简易电子政务网

1. 实训要求

使用表格及表格布局设计一个简易的电子政务网站的首页。使用表格、表格嵌套方法，根据参考素材完成网站设计，效果如图 6-3 所示。

2. 实训内容

（1）设置表格属性及表格行属性。

（2）设置表格单元格跨列属性。

（3）设置表格嵌套。

（4）设置超链接属性。

（5）定义内部样式表。

（6）CSS3 过渡与转换（难点）。

3. 实训所需知识点

（1）表格 table、tr、td 标记及表格嵌套。

图 6-3　简易的电子政务网站的首页

```
< table   border = "0" width = "1002px"   bgcolor = "＃666699">
  < tr align = "center">
    < td colspan = "3" height = "80">
      < table >
        < tr >
          < td >…</td>
        </tr>
      </table>
    </td>…
  </tr>
  …
</table>
```

（2）样式 style 标记。

```
< style type = "text/css">
  td{color:white; font - size:20px;}
</style>
```

（3）其他标记。

```
< h4 >国务院：运用大数据提高政府服务水平</h4 >
< p >《意见》要求…</p >
< hr color = "＃C0C0C0">
```

（4）样式引用。

```
< tr id = "nav" class = "">…</tr>        <!-- 导航条样式 -->
```

（5）超链接 a 标记。

```
< td >< a href = "＃">新闻资讯</a ></td>
```

（6）CSS3 转换与过渡属性。

```
＃nav td a:hover {
    color: white; background: ＃9999FF;  font－weight: blod;
    transform: rotate(360deg);          /＊转换：旋转 360°＊/
    transition: all 0.3s;               /＊在所有属性上过渡 0.3s＊/
}
```

4．实训过程与指导

编程实现简易电子政务网站的首页,效果如图 6-3 所示。其具体步骤如下：

（1）文档结构创建。

① 启动程序,创建 HTML 文档。启动编辑器软件,新建 HTML 网页,在首行插入注释语句,注明程序名称为 prj_6_2.html。格式如下：

```
<!-- prj_6_2.html -->
```

② 保存文件。输入文件名为 prj_6_2.html,然后保存文件。

（2）页面内容设计。

① 在 body 标记中插入一个 4×3 的表格。

② 设置表格标记的边框为 0、宽度为 1002px、单元格间距和单元格边距均为 0。

③ 将表格的第 1 行、第 2 行、第 4 行单元格跨 3 列合并为一个单元格。

④ 在第 1 行的单元格中通过 CSS 插入背景图像,文件名为 pro62/logo.jpg。

⑤ 在第 2 行的单元格中插入 1×6 的表格,每个单元格内插入一个导航菜单,然后设置相关超链接,实现导航菜单,当在导航上盘旋时能够旋转 360°,并过渡 0.3s。

⑥ 在第 3 行的第 1 个单元格中嵌套 4×1 的表格,设置表格边框为 1px、高度为 250px、宽度为 250px。实现垂直导航功能,导航标题分别为新闻资讯、行政公文、领导讲话、成果展示。在导航上盘旋时,出现白色下边框（5px、实线）。在其他两个单元格中分别插入一个 h4 和相关 p 标记。内容如下：

全省教育电子政务工作座谈会在宁召开
　　为进一步统一思想、提高认识、振奋精神、明确方向,3 月 14 日,全省教育电子政务工作座谈会在宁召开,来自 13 个省辖市、3 个省管县(市、区)教育门户网站维护保障单位的负责人参加了会议,各地就教育电子政务工作开展的情况做了交流,对全省教育门户网站绩效考核指标体系、江苏教育网《视频新闻》栏目筹建和通联站建设管理方案进行深入的研讨。
国务院：运用大数据提高政府服务水平
　　近日,国务院办公厅印发《关于运用大数据加强对市场主体服务和监管的若干意见》(以下简称《意见》)。
　　《意见》要求,以社会信用体系建设和政府信息公开、数据开放为抓手,充分运用大数据、云计算等现代信息技术,提高政府服务水平,加强事中事后监管,维护市场正常秩序,促进市场公平竞争,释放市场主体活力,进一步优化发展环境。

⑦ 在第 4 行的 td 标记中设置高度为 35px、对齐方式为居中。分别插入一条水平分隔线（颜色为 ＃C0C0C0）和 3 句话。内容如下：

简易电子政务中心 8 版权所有 4 3 8
地址：太空市南京南路 280 号 联系电话：99－99999999
苏 ICP 备：20220116002

⑧ 完成代码设计后保存网页，在浏览器中查看网页，如图 6-4 所示。

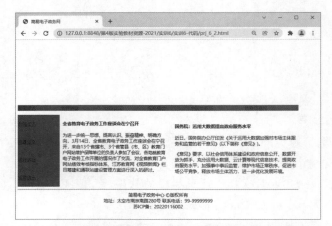

图 6-4　简易电子政务网站的初始首页（未应用样式）

（3）表现设计。

在 style 标记中分别定义单元格 td、行 tr、段落 p、导航条 nav、超链接 a 的样式。

① 定义全局样式。＊样式为边界为 0、填充为 0。

② 定义表格样式。样式为有边界（上下 0、左右自动）。

③ 定义 id 为 header 的 td 的样式。样式为背景图像为 pro62/dzzw_banner_01.jpg、不重复、水平/垂直均居中。

④ 定义 h4 标记样式。h4 样式为颜色红色、填充上下 10px、左右自动、高度 30px。

⑤ 定义 td 标记样式。td 样式为颜色黑色、字体大小 20px。

⑥ 定义 tr 标记样式。tr 样式为文本内容水平居中。

⑦ 定义 p 标记样式。p 样式为首行缩进两个字符、字体大小 18px、段落向左对齐。

⑧ 定义导航样式。♯nav 样式为文本水平居中对齐、宽度 100％、高度 54px。

⑨ 定义超链接伪类样式。a：link、a：visited、a：active 样式为字符装饰无、颜色白色、背景颜色♯666699。♯nav td a：hover 样式为颜色白色、背景颜色♯9999FF、字体标粗、旋转 360°，并在所有属性上过渡 0.3s。垂直导航菜单 td table tr td a：hover 样式为底部边框 5px、实线、白色。盘旋时效果如图 6-5 所示。

图 6-5　在水平导航菜单上盘旋时旋转 360°的效果图

⑩ 两个单元格的图层(id 分别为 left、right)的样式为边界上下 15px、左右 10px。

(4) 保存并查看网页。

完成代码设计后再次保存网页文件,通过浏览器查看页面效果,如图 6-3 所示。

(5) 拓展与提高。

如果采用 DIV＋CSS 技术实现同样的页面设计效果应如何编写代码?

课外拓展训练 6

1. 设计"新书推荐"页面,效果如图 6-6 所示。要求如下:

(1) 页面标题为"新书推荐"。

(2) table 标记属性定义:边框 1px、边框颜色♯F0F0F0、单元格间距 0px。

(3) 图像 img 标记样式:宽度 150px、高度 200px。

(4) 书名统一采用 4 号标题,其他文字样式为默认;书图像文件分别为 image61.jpg～image64.jpg,存储在 kwtz61 子文件夹中。

(5) 程序名称为 project_6_1.html。

附:书简介内容如下。

> 《数学的世界 Ⅰ》　作者:J.R. 纽曼 编,王善平、李璐 译 定价:59.00 元 推荐理由:呈现在大家面前的是由 J.R. 纽曼花费十五年心血所精选的数学文献集锦。高……
>
> 《现代教育技术》　作者:傅钢善 定价:39.80 元 推荐理由:本教材结构新颖,逻辑清晰,图文并茂,内容丰富,易教易学,知行合一。
>
> 《生态智慧——生态可持续性》　作者:伍业钢 定价:29.00 推荐理由:传统的经济学认为,经济的投入和产出可以简化为"资本＋劳动"的投入等于经济增长,而忽略了对劳动者的人文关怀(以人为本……
>
> 《中国工程院院士(11)》　作者:中国工程院、高等教育出版社、中国工程物理研究院 定价:500.00 推荐理由:中国工程院院士是国家在工程技术方面设立的最高学术称号,为终身荣誉。为了展现中国工程院院士的风采、宣传科学家积极投身……

图 6-6　"新书推荐"页面

2. 采用表格布局设计区域划分页面,效果如图 6-7 所示。要求如下:

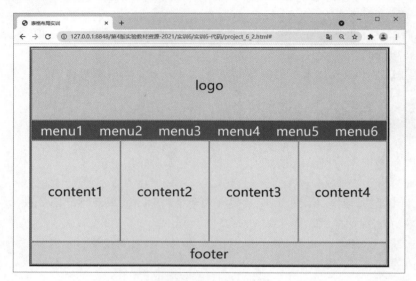

图 6-7　表格布局效果图

（1）table 标记属性定义为边框 5px、宽度 1000px、高度 600px。表格 table 标记样式为边界上下 0、左右居中。

（2）第 1 行、第 2 行、第 4 行跨 4 行合并。在第 2 行中嵌入一个 1×6 的表格。

（3）第 1 行中 td 标记样式为背景♯F1E2D3、高度 200px。

（4）第 2 行中 td 标记样式为背景红色、高度 50px、宽度 100%。

（5）第 3 行样式为背景♯F1F1F1、高度 290px。

（6）第 4 行 td 样式为背景♯E1F1F3、高度 60px。

（7）单元格 td 标记样式为水平、垂直均居中对齐,字体大小 36px。

（8）超链接 a 标记样式为颜色为白色。a：hover 样式为字符装饰为下画线。a：link、a：visited、a：active 样式为字符装饰为无。

（9）程序名称为 project_6_2.html。

实训 7

表单页面设计

实训目标

(1) 理解表单的概念，熟练掌握表单创建方法。

(2) 掌握表单相关属性的设置。

(3) 掌握表单输入、多行文本输入、列表框等表单控件的属性及设置方法。

(4) 学会使用 fieldset 和 legend 标记来分组表单控件。

(5) 学会设计用户登录、用户注册、网上调查问卷等表单页面。

实训内容

(1) 使用表单和表单控件进行简易页面布局设计。

(2) 综合运用图层、表格和表单进行页面混合布局。

(3) 使用样式表定义图层、表单控件、表格、单元格的样式。

(4) 模仿真实案例进行表单综合编程练习。

实训项目

(1) 设计"留言板"页面。

(2) 设计"大学生暑期社会实践调查问卷"页面。

项目 20   设计"留言板"页面

1．实训要求

使用 DIV、表格混合布局设计"留言板"页面，效果如图 7-1 所示。

2．实训内容

(1) 图层与表格混合布局。

(2) 表单和表单控件的综合运用。

(3) 样式表的应用。

3．实训所需知识点

(1) 表单 form 标记。

```
< form name = "form1" method = "post" action = "">…</form>
```

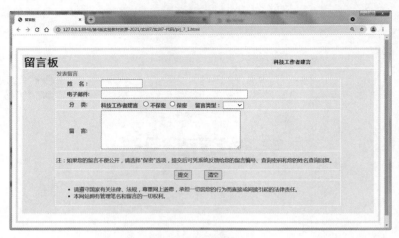

图 7-1　"留言板"页面

（2）表格 table 标记。

```
< table align = "center" border = "1" width = "650px" height = "300px" > …</table >
```

（3）样式 style 标记。

```
< style type = "text/css">
    #div1{background:#F2F9FD;color:#66FFFF;width:100%;height:30px;}
    .td1{line - height:22px;font - size:18px;font - weight:bold;}
</style >
```

（4）表单控件。
- 文本输入框：

```
< input type = "text" name = "name" size = "10">
```

- 单选按钮：

```
< input type = "radio" name = "bm">不保密
```

- 提交按钮：

```
< input type = "submit" value = "提交">
```

- 重置按钮：

```
< input type = "reset" value = "清空">
```

- 列表框 select 标记：

```
< select name = "lx">
    < option value = 0 selected ></option >
    < option value = 1>投诉</option >
</select >
```

- 多行文本框 textarea 标记：

```
<textarea name = "" rows = "6" cols = "50">在此留言</textarea>
```

4．实训过程与指导

编程实现"留言板"页面,具体步骤如下:

（1）文档结构的创建。

① 启动程序,创建 HTML 文档。启动编辑器软件,新建 HTML 网页,在首行插入注释语句,注明程序名称为 prj_7_1.html,格式如下:

```
<! -- prj_7_1.html -->
```

② 保存文件。输入文件名为 prj_7_1.html,然后保存文件。

（2）页面内容设计。

在 body 标记中插入 3 个 div、3 个表格和一个表单及若干表单控件。

① 在 body 中插入一个父 div,id 为 div0,作为外图层。

② 在 div0 中分别插入两个子 div,id 分别为 div1、div2。

③ 在 div1 中插入一个 1×2 的表格,单元格内容为"留言板"和"科技工作者建言",定义 class 属性分别为 bt1、bt2。

④ 在 div2 中先插入表单,然后在表单中分别插入两个表格,其中上表为 1×1 的表格,内容为"发表留言",字体颜色为红色。下表为 7×2 的表格,前 4 行的第 1 列单元格内容分别为"姓名:""电子邮件:""分类:""留言:",定义 class 属性均为 td1。第 2 列单元格分别插入两个单行文本输入框、两个单选按钮、一个列表框、一个多行文本框。其中列表框中含有 5 个列表项,分别为空白、投诉、咨询、建议、反馈,默认为空白。在表格的第 5、6、7 行中,每行跨两列合并,第 6 行插入提交按钮、重置按钮,并且在单元格中居中显示。其他两行的内容如下:

注:如果您的留言不便公开,请选择"保密"选项,提交后可凭系统反馈给您的留言编号、查询密码和您的姓名查询回复。
- 请遵守国家有关法律、法规,尊重网上道德,承担一切因您的行为而直接或间接引起的法律责任。
- 本网站拥有管理笔名和留言的一切权利。

⑤ 完成代码设计后,通过查看网页观看页面效果,如图 7-2 所示。

（3）表现设计。

在 style 标记中分别定义全局样式、各图层及相关标题样式,样式定义如下。

① 定义全局样式。全局样式字体大小为 12px。

② 定义父图层 div 样式。♯div0 样式为宽度 800px,高度 380px,边框粗细 5px,线型实线,颜色♯F3F3F2,边界上下 30px,左右自动、填充 10px。

③ 定义子图层 div 样式。♯div1 样式为背景颜色♯F2F9FD、前景颜色♯0000FF、宽度 100％、高度 30px。

④ 定义子图层 div 样式。♯div2 样式为背景颜色♯F2F9FD、前景颜色♯0000FF、宽度 100％、高度 340px、顶部边界 3px。

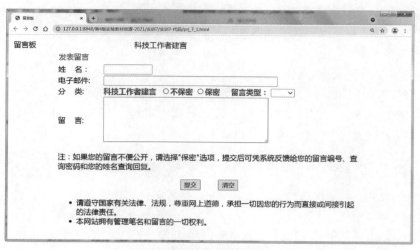

图 7-2　未应用样式时的"留言板"页面

⑤ 定义♯div2 子图层中第 1 列的"姓名:""电子邮件:""分类:"的样式。.td1 样式为字体大小 12px、字体粗细标粗、行距 22px、前景颜色♯339966、宽度 100px、文本居中对齐。

⑥ 定义♯div1 子图层中"留言板"的样式。.bt1 样式为字体大小 26px、字体粗细标粗、字体黑体、前景颜色♯0033CC、宽度 500px、文本左对齐。

⑦ 定义♯div1 子图层中"科技工作者建言"的样式。.bt2 样式为字体大小 12px、字体粗细标粗、字体黑体、前景颜色♯0033CC、宽度 200px、文本左对齐。

（4）保存并查看网页。

完成代码设计后再次保存网页文件，通过浏览器查看页面，效果如图 7-2 所示。

项目21　设计"大学生暑期社会实践调查问卷"页面

1．实训要求

使用表格布局设计"大学生暑期社会实践调查问卷"页面，如图 7-3 所示。

2．实训内容

（1）表单与表格嵌套的应用。

（2）表单控件的属性设置。

（3）使用表格和表格嵌套进行页面精确布局。

（4）内部样式表的定义与应用。

3．实训所需知识点

（1）表单 form 标记。

```
< form method = "post" action = ""></form>
```

（2）表格 table 标记。

```
< table background = "pro72/bgimage.jpg" width = "100 % " border = "8"></table>
```

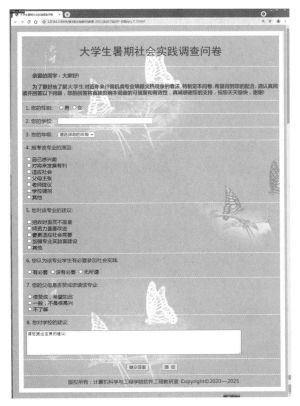

图 7-3 "大学生暑期社会实践调查问卷"页面

（3）样式 style 标记。

```
< style type = "text/css">
    #div1{margin:0px;background:#00CCCC;height:100%;}
    .td1{font - weight:bold;font - size:18px;color:#3300CC;}
</style>
```

（4）表单控件。

• 单行文本输入框：

```
< input type = "text" name = "name" size = "10">
```

• 单选按钮：

```
< input type = "radio" name = "class">大一< br >
```

• 复选框：

```
< input type = "checkbox" name = "zy1">自己感兴趣< br >
```

• 提交按钮：

```
< input type = "submit" value = "提交答案">
```

• 重置按钮：

```
< input type = "reset" value = "清空">
```

- 多行文本框 textarea 标记：

```
< textarea name = "" rows = "5" cols = "100">请您提出宝贵的建议：</textarea>
```

（5）表单与表格嵌套。

```
< form method = "post" action = "">  <! -- 表单包含表格 -->
    < table >                         <! -- 在表格中可以插入若干表单控件 -->
        < tr >
            < td >< input type = "radio" name = "sex">男</td>
            < td >< input type = "radio" name = "sex">女</td>
        </tr>
    </table>
</form>
```

4．实训过程与指导

编程实现"大学生暑期社会实践调查问卷"页面，具体步骤如下：

（1）文档结构的创建。

① 启动程序，创建 HTML 文档。启动编辑器软件，新建 HTML 网页，在首行插入注释语句，注明程序名称为 prj_7_2.html。格式如下：

```
<! -- prj_7_2.html -->
```

② 保存文件。输入文件名为 prj_7_2.html，然后保存文件。

（2）页面内容设计。

在 body 标记中插入一个表单、一个外表格，内嵌若干个子表格，再插入相关表单控件。

① 在 body 中插入一个表单 form 标记。

② 在 form 标记中插入一个12行1列的表格。设置表格的背景图像为 bgimages.jpg、宽度为850px、边框为14px、单元格间距为0、单元格边距为0、对齐方式为居中、边框颜色为白色。

③ 在表格的第1行、第2行中分别插入标题和说明。定义标题类样式.bt1、两个段落样式♯p1。内容如下：

大学生暑期社会实践调查问卷

亲爱的同学：大家好！

为了更好地了解大学生对近年来计算机类专业填报火热现象的看法，特制定本问卷，希望得到您的配合，请认真阅读并回答以下问题，您的回答将直接影响本调查的可信度和有效性，真诚感谢您的支持，祝您天天愉快，谢谢！

④ 在表格第3行插入一个1行2列的表格，在第1个单元格中插入"1.您的性别："，在第2个单元格中插入两个单选按钮，表示"男""女"。

⑤ 在表格第4行中插入一个1行2列的表格，在第1个单元格中插入"2.您的学校："，在第2个单元格中插入一个单行文本输入框，并定义文本框的大小为40。

⑥ 在表格第5行中插入一个1行2列的表格，在第1个单元格中插入"3.您的年级："，在第2个单元格中插入一个下拉列表框，列表框中有6个选项，分别为"请选择您的年级"

"大一""大二""大三""大四""大专"。

⑦ 在表格第 6 行中插入一个 2 行 1 列的表格,在第 1 个单元格中插入"4. 报考该专业的原因:",在第 2 个单元格中插入 7 个复选框,复选框的内容分别为"自己感兴趣""对将来发展有利""适应社会""父母主张""老师建议""学校调剂""其他"。

⑧ 在表格第 7 行中插入一个 2 行 1 列的表格,在第 1 个单元格中插入"5. 您对该专业的建议:",在第 2 个单元格中插入 5 个复选框,复选框的内容分别为"招收时重质不重量""师资力量要改进""要更适应社会需要""加强专业实验室建设""其他"。

⑨ 在表格第 8 行中插入一个 2 行 1 列的表格,在第 1 个单元格中插入"6. 您认为该专业学生有必要参加社会实践:",在第 2 个单元格中插入 3 个单选按钮,单选按钮的内容分别为"有必要""没有必要""无所谓"。

⑩ 在表格第 9 行中插入一个 2 行 1 列的表格,在第 1 个单元格中插入"7. 您的父母是否赞成您读该专业:",在第 2 个单元格中插入 3 个单选按钮,单选按钮的内容分别为"很赞成,希望如此""一般,不是很高兴""不了解"。

⑪ 在表格第 10 行中插入一个 2 行 1 列的表格,在第 1 个单元格中插入"8. 您对学校的建议:",在第 2 个单元格中插入一个 5 行 100 列的多行文本框,多行文本框的初始内容为"请您提出宝贵的建议:"。

⑫ 在表格第 11 行(行高度为 50px)中插入提交按钮和重置按钮。按钮的 value 值分别为"提交答案""清空"。按钮之间留 8 个空格。

⑬ 在表格第 12 行的单元格中插入 font 标记,设置颜色为蓝色。font 标记的内容为"版权所有:计算机科学与工程学院软件工程教研室 Copyright©2020—2025"。定义单元格的高度为 40px,水平、垂直均居中对齐。

完成上述步骤后,整个调查表设计基本完成,下面进行样式定义和应用。

(3) 表现设计。

在 style 标记中分别定义全局样式、各图层及相关标题样式,样式定义如下。

① 定义 body 样式。body 样式为背景颜色♯BBDCFF、边界 20px。

② 定义调查问卷标题样式。.bt1 样式为字体大小 35px、行高 100px,字体黑体、颜色♯0033FF、文本居中对齐。

③ 定义调查项目标题内容样式。.td1 样式为字体标粗、大小 18px、颜色♯3300CC。

④ 定义调查说明内容样式。♯p1 样式为首行缩进两个字符,字体大小 16px、标粗、颜色♯3366FF。

(4) 保存并查看网页。

完成代码设计后再次保存网页文件,通过浏览器查看页面,效果如图 7-3 所示。

课外拓展训练 7

1. 设计"参会注册表"页面,效果如图 7-4 所示。具体要求如下:

(1) 标题为"参会注册表"。

(2) 页面内容在 form 标记内,使用表单中嵌套表格进行页面布局设计,表格标题为"参会注册表"。

(3) 程序名称为 project_7_1.html。

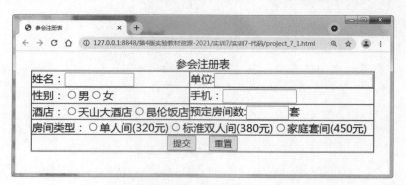

图 7-4 "参会注册表"页面

2. 设计"图书馆读者调查问卷"页面,效果如图 7-5 所示。具体要求如下：

（1）标题为"图书馆读者调查问卷"。

（2）页面包含您的年级、您的专业、对于图书馆的阅览环境、您到图书馆的原因是、您到图书馆的频率、您对学校的建议等。

（3）程序名称为 project_7_2.html。

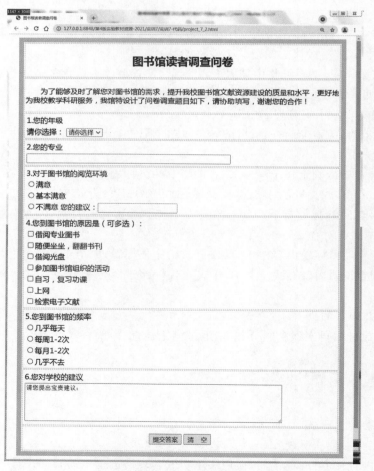

图 7-5 "图书馆读者调查问卷"页面

第三部分　HTML5基础与CSS3应用

实训8　HTML5与CSS3
应用实战

实训 8

HTML5与CSS3应用实战

实训目标

（1）理解 HTML5 文档结构元素，学会使用 HTML5 结构元素进行页面布局。

（2）学会运用 HTML5 新增表单元素和新增表单类型设计相关表单页面。

（3）掌握 CSS3 新增特性，学会使用过渡、转换、3D 转换及动画设计页面效果。

实训内容

（1）使用 HTML5 结构元素进行页面布局设计。

（2）使用 CSS3 新特性设计导航菜单。

（3）使用 HTML5 新增结构元素设计 HTML5 页面。

（4）使用 CSS 新特性对页面元素进行样式定义。

（5）使用 HTML5 设计简易网站。

实训项目

（1）当当网企业用户注册页面设计。

（2）HTML5 结构元素页面布局设计。

（3）HAB 公司行业案例 CSS3 特效页面设计。

（4）纯 CSS3 偏光图像画廊。

项目 22　当当网企业用户注册页面设计

1．实训要求

使用 HTML5 新增表单类型和表单属性模仿设计当当网企业用户注册页面，当当网企业用户注册页面的网址为 https://login.dangdang.com/register_company.php，效果如图 8-1 所示。功能要求如下：

（1）根据当当网企业用户注册页面进行适当简化。

① 将头部的导航、底部的导航与版权信息删除。

② 删除新用户注册页面，只做企业用户注册页面。

③ 对企业用户注册页面中部的图像效果进行合并，直接从原网站上进行截图。

④ 使用表格、表单及表单元素设计页面,公司地址中的省、市、区不需要做关联。

图 8-1　当当网企业用户注册页面

(2) 使用 HTML5 新增表单类型和表单属性分别设计账户信息和企业及联系人信息。

(3) 由于 JavaScript 脚本方面的知识还未学习,对表单元素进行验证不做要求,只对"账户信息"和"企业及联系人信息"中的验证码部分的表单元素进行验证,并给出代码。

经过改版后设计的当当网企业用户注册页面的效果如图 8-2 所示。

2．实训内容

(1) HTML5 新增表单类型(email、url 等)的应用。

(2) HTML5 新增表单属性的应用。

(3) 表格的创建与属性设置。

(4) HTML5 新增结构元素的应用。

(5) 表单元素的验证。

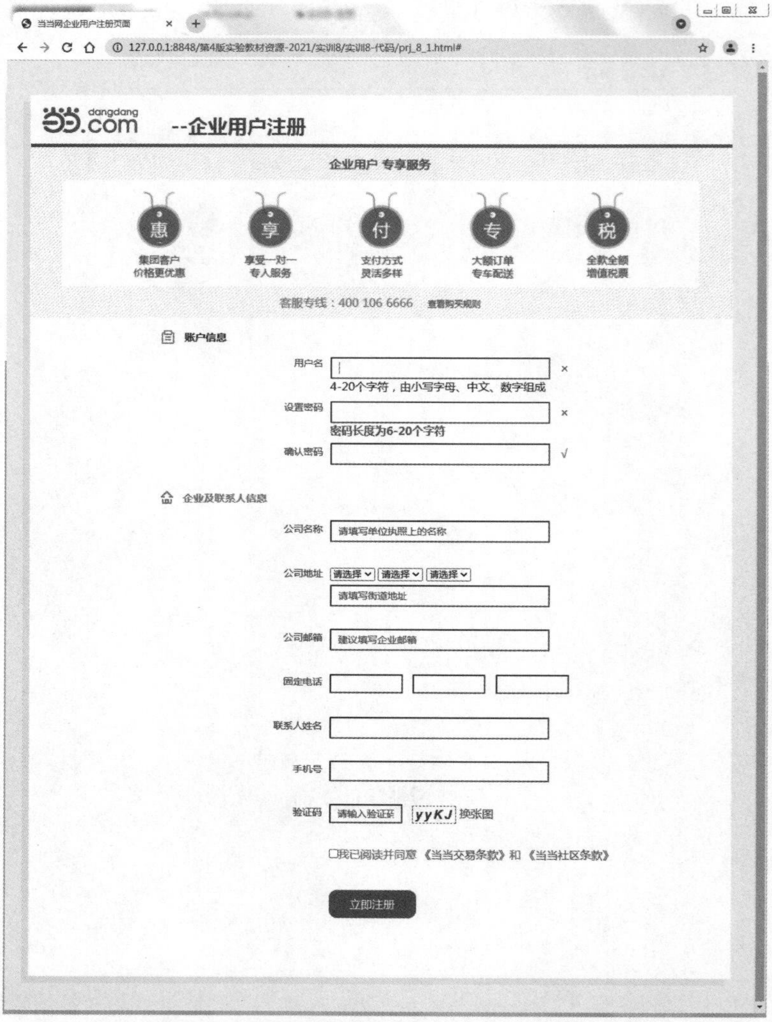

图 8-2　改版后的当当网企业用户注册页面

（6）自定义验证码生成函数与调用。

3．实训所需知识点

（1）图层 div 标记。

```
< div id = "" class = "info_area" style = "z - index: 1 "></div >
```

（2）样式 style 标记。

```
< style type = "text/css">
    * {padding: 0px; margin: 0px;              /* 定义全局样式 */}
</style >
```

（3）脚本 script 标记。

```
< script type = "text/javascript" src = "pro81/verifycode. js"></script >
```

（4）表单 form 标记。

```
< form id = "registerForm">
    < div class = "body">
        < table cellpadding = "0" cellspacing = "0" border = "0" width = "100 % "></table>
    </div >
</form >
```

（5）表格 table 标记。

```
< table >
    < tr >
        < td >
            < input id = "username" name = "username" type = "text" class = "text" MaxLength = "20"
tabindex = "1" onfocus = "displayInfo();" onblur = "checkName();" />
        </td >
        ...
    </tr >
</table >
```

（6）新增表单类型及表单属性。

```
    < input id = "email " name = "txt_username " type = "email" class = "text " placeholder = "建
议填写企业邮箱 " autocomplete = "off " maxlength = "40 " tabindex = "10 " />
    < input id = "userpsd" name = "userpsd" type = "password" class = "text" required =
"required" onpaste = "return false;" maxlength = "20" tabindex = "2" onfocus = "displayPsd();"
onblur = "checkPassword(1);" />
```

4．定义 JavaScript 函数

```
function $(id){return document.getElementById(id);}
function checkPassword(n){ / *  验证密码和确认密码是否正确  * /}
function checkName(){/ *  验证用户名是否正确  * /}
function displayInfo(){/ * 获得焦点时正常提示信息 * /}
function createCode() { / *  产生验证码  * /}
function validateCode() { / *  验证验证码是否正确  * /}
```

5．实训过程与指导

编程实现当当网企业用户注册页面，具体步骤如下：

（1）文档结构的创建。

① 启动程序，创建 HTML 文档。启动编辑器软件，新建 HTML 网页，在首行插入注释
语句，注明程序名称为 prj_8_1.html。格式如下：

```
<! -- prj_8_1.html -->
```

② 保存文件。输入文件名为 prj_8_1.html，然后保存文件。

（2）页面内容设计。

在 body 标记中插入图层、HTML5 新增结构元素、表单、表格、表单控件等标记，完成页
面布局设计。

① 在 body 中插入一个 id 为 div1 的 div。

② 在 div 中插入一个 id 为 header 的 header 标记，用于显示 Logo 和标题，在其中插入一个 h1 标记，其内容为"--企业用户注册"。

③ 在 div 中插入一个 id 为 section 的 section 标记，并在其中插入一个图像 img 标记，其 src 属性值为 pro81/login_qiye4.png。

④ 在 div 中插入一个 class 为 zhanghu_info 的子 div，在其内插入一个 class 为 zhanghu_text 的 p 标记，p 的内容为"账户信息"。

⑤ 在 div 中插入一个 id 为 registerForm 的 form 标记，在其中分别插入表格和表单元素。具体内容如下：

- 账户信息。

a. 在表单中插入一个 class 为 body 的 div 标记。在其中插入一个 3 行、3 列的表格，主要用来设计"账户信息"。设置表格边框为 0、单元格边距和单元格间距均为 0、宽度为 100%。

b. 这 3 行中第 1 列的内容分别为"用户名""设置密码""确认密码"。

c. 每行第 2 列与第 3 列合并，3 个单元格中分别插入一个单行文本输入框（id 为 username）、两个密码输入框（id 分别为 userpsd、userrepsd）、用于显示"√""×"符号的 span 标记（id 分别为 info_name_flag、info_password_flag、info_repassword_flag，class 均为 info_flag）和显示提示及出错信息的 div 标记（id 分别为 info_name、info_password、info_repassword，class 均为 info_area），其内插入的标记及标记相关属性的设置代码如下：

```
< tr class = "b">
  < td class = "t">用户名</td>
  < td colspan = "2">
    < input id = "username" name = "username" type = "text" class = "text" maxlength = "20"
tabindex = "1" onfocus = "displayInfo();" onblur = "checkName();" />
    < span id = "info_name_flag" class = "info_flag"></span><!-- 显示√、× -->
    < div id = "info_name" class = "info_area" style = "z - index: 1"></div> <!-- 显示提示信
息 -->
  </td>
</tr>
```

- 企业及联系人信息。

a. 在表单中插入一个 class 为 qiye_info 的 div 标记。在其中插入一个 class 为 qiye_info_pic 的子 div 和一个 class 为 table_qiye 的 10 行 4 列的表格，主要用来设计"企业及联系人信息"。在子 div 中插入一个 class 为 zhanghu_text 的 p 标记，其内容为"企业及联系人信息"。设置表格边框为 0、单元格边距和单元格间距均为 0、宽度为 100%。

b. 每行第 1 列内容分别为"公司名称""公司地址"" ""公司邮箱""固定电话""联系人姓名""手机号""验证码"" "" "。

c. 每行第 2～4 列合并（除固定电话外），分别插入表单元素、图层及 span 等标记。具体插入的标记及内容如下：

（a）第 1 行第 2 个单元格中分别插入一个单行文本输入框，设置占位符，其内容为"请填写单位执照上的名称"、最大长度为 60、自动完成填充为 off。分别插入 span、div 标记。其实现代码与账户信息设置类似。

（b）第 2 行第 2 个单元格中分别插入一个 div，在其中插入 3 个 span 标记，每个 span 标记中插入一个列表项,分别插入省、市、区选项信息,不要求实现之间的关联功能。

(c) 第3行第2个单元格中分别插入一个单行文本输入框(设置占位符,其内容为"请填写街道地址")、一个span和一个div标记,其实现代码与账户信息设置类似。

(d) 第4行第2个单元格中分别插入一个email文本输入框,设置占位符,其内容为"建议填写企业邮箱"、最大长度为40、自动完成填充为off。

(e) 第5行第2个单元格中分别插入3个单行文本输入框,分别设置占位符,其内容为"请输入区号""请输入座机号""请输入分机号",3个文本框的最大长度分别为4、8、8,均不能为空。

(f) 第6行第2个单元格中分别插入一个单行文本输入框,最大长度为32,其余同上。

(g) 第7行第2个单元格中分别插入一个单行文本输入框,设置模式pattern为"^1[358][0-9]{9}$",设置占位符,内容为"请输入手机号",最大长度为11。

(h) 第8行第2个单元格中插入一个单行文本输入框,输入"验证码"。设置占位符,其内容为"请输入验证码"、最大长度为4,设置class为"text tel_width",设置失去焦点时验证输入内容是否正确,绑定函数为validateCode();插入一个id为info_code、class为info_flag的span标记,用于显示正确与错误的符号;插入一个id为checkCode的span标记,用于显示生成的验证码,当单击它时可以更新验证码;插入超链接,设置链接的标题为"换张图",并设置onclick事件句柄,绑定函数为createCode()。

(i) 第9行第2个单元格中插入一个span标记。在其中插入一个复选框,内容为"我已阅读并同意";插入标题为《当当交易条款》和《当当社区条款》的两个超链接,href为"http://help. dangdang. com/details/page12"和"http://help. dangdang. com/details/page42"。

(j) 第10行第2个单元格中插入一个class为btn_login的超链接,标题内容为"立即注册"。

(3) 表现设计。

在style标记中定义div、header、section、form、span和h1等标记的样式。具体样式定义要求如下:

① 定义全局样式。样式为填充和边界均为0。

② 定义div标记♯div1样式。样式为边界上下50px、左右自动,背景颜色♯FFFFFF,宽度1001px,高度1300px,边框1px,虚线,颜色♯FAFAFA,边框阴影分别为－10px、10px、♯F1F1F1。

③ 定义header标记♯header样式。样式为宽度1001px、高度71px、边框5px、实线、红色,背景图像pro81/ddnewhead_logo. gif、不重复、居左上部。

④ 定义♯header中的h1样式。样式为字体大小28px、字体名称微软雅黑、左填充25px、顶部填充200px。

⑤ 定义section标记♯section样式。样式为文本水平居中,宽度100%、边界上下0px、左右自动。其中img样式为宽度100%。

⑥ 定义div标记. zhanghu_info样式。样式为宽度19px,高度21px,边界上下12px、左右187px,背景图像pro81/icon_qy. png、不重复、居左上部。

⑦ 定义p标记. zhanghu_text样式。样式为宽度122px、字体大小15px、边界上下8px、左右33px,字体粗细600。

⑧ 定义form标记♯registerForm样式。样式为宽度100%、高度700px。

⑨ 定义 div 标记.body 样式。样式为边界上下 0px、左右 150px,颜色♯9E9E9E。

⑩ 定义 tr 标记.b 样式。样式为高度 65px。

⑪ 定义 td 标记.t 样式。样式为宽度 268px,高度 30px,左填充 10px,上、下、右填充均为 0,水平居右对齐,垂直居顶对齐,颜色♯646464,字体大小 14px,行高 30px,字体名称微软雅黑。

⑫ 定义 input 标记.text 样式。样式为宽度 289px,高度 18px,右边界 10px,填充上下 5px、左右 10px,字体大小 14px,行高 18px,字体名称微软雅黑、显示方式行内块方式、圆形边框 2px、颜色♯969696。

⑬ 定义 div 标记.qiye_info_pic 样式。样式为宽度 19px,高度 20px,边界上下 0px、左右 35px,背景图像 icon_qy.png、不重复、X 方向 0、Y 方向−29px。

⑭ 定义 table 标记.table_qiye 样式。样式为顶部 20px、位置相对定位。

⑮ 定义 div 标记.qiye_info 样式。样式为位置相对定位。

⑯ 定义 span 标记.red_flag 样式。样式为字体粗细特粗、字体大小 16px、颜色 red。

⑰ 定义 span 标记.green_flag 样式。样式为字体粗细特粗、字体大小 16px、颜色♯00FF99。

⑱ 定义 div 标记.black_flag 样式。样式为颜色黑色。

⑲ 定义 div 标记.info_area 样式。样式为宽度 320px、高度 30px、字体大小 16px。

⑳ 定义 input 标记.tel_width 样式。样式为宽度 80px、高度 1em。

㉑ 定义 input 标记.btn_login 样式。样式为宽度 260px,高度 35px,圆形边框半径 12px,背景颜色红色,水平和垂直均居中对齐,字符装饰 none,填充上下 10px、左右 30px,边界上下 20px、左右自动,颜色♯FFFFFF。

㉒ 定义 span 标记.code 样式。样式为宽度 150px,高度 60px,行高 30px,水平和垂直均居中对齐,边框 1px、虚线、红色,光标 pointer,字符间距 3px,填充上下 2px、左右 3px,字体大小 18px,字体名称 Arial,字体样式斜体,字体粗细特粗,颜色蓝色。

㉓ 定义 a 标记样式。样式为字符装饰 none、字体大小 16px、颜色♯288BC4。

㉔ 定义 a:hover 样式。样式为字符装饰下画线。

（4）行为设计。

① 检查用户名、密码、重置密码的 JavaScript 代码：

```
<script type="text/javascript">
var errorflag = "×";
var rightflag = "√";
function checkPassword(n) {                          //根据参数检查密码或重置密码
    var psd = $("userpsd").value;                    //取密码
    var repsd = $("userrepsd").value;                //取重置密码
    var len_prd = psd.length;                        //计算密码长度
    var len_repsd = repsd.length;                    //计算重置密码长度
    switch(n) {                                       //检查密码
        case 1: {
                if(len_prd > 20 || len_prd < 6) {    //显示×号和提示信息
                    $("info_password").className = "red_flag";
                    $("info_password").innerHTML = "密码长度为 6～20 个字符";
                    $("info_password_flag").className = "red_flag";
                    $("info_password_flag").innerHTML = errorflag;
```

```
                    } else {                                        //显示√号和提示信息
                        $("info_password_flag").className = "green_flag";
                        $("info_password_flag").innerHTML = rightflag;
                        $("info_password").className = "info_area";
                        $("info_password").innerHTML = " ";
                    }
                    break;
            }
        case 2: {                                               //检查重复密码
                if(len_repsd > 20 || len_repsd < 6) {           //显示×号和提示信息
                    $("info_repassword").className = "red_flag";
                    $("info_repassword").innerHTML = "密码长度为6～20个字符";
                    $("info_repassword_flag").className = "red_flag";
                    $("info_repassword_flag").innerHTML = errorflag;
                } else {                                            //显示√号和提示信息
                    $("info_repassword_flag").className = "green_flag";
                    $("info_repassword_flag").innerHTML = rightflag;
                    $("info_repassword").className = "info_area";
                    $("info_repassword").innerHTML = " ";
                }
                if(psd != repsd) {                              //显示×号和提示信息
                    $("info_repassword").className = "red_flag";
                    $("info_repassword").innerHTML = "密码与确认密码不同！";
                    $("info_repassword_flag").className = "red_flag";
                    $("info_repassword_flag").innerHTML = errorflag;
                } else {                                        //显示√号和提示信息
                    $("info_repassword_flag").className = "green_flag";
                    $("info_repassword_flag").innerHTML = rightflag;
                    $("info_repassword").className = "info_area";
                    $("info_repassword").innerHTML = " ";
                }
                break;
            }
    }
}
function $(id) {return document.getElementById(id);}         //通过 ID 获取页面元素
function checkName() {                                       //检查用户名
    var name = $("username").value;
    //4～20 个字符,可由小写字母、中文、数字组成,用户名不能为空
    name_len = name.length;
    if((name_len < 4 || name_len > 20) || name_len == 0) {
        $("info_name").className = "red_flag";
        $("info_name").innerHTML = "用户名非空,且长度为 4～20 个字符";
        $("info_name_flag").className = "red_flag";
        $("info_name_flag").innerHTML = errorflag;
    } else {
        $("info_name_flag").className = "green_flag";
        $("info_name_flag").innerHTML = rightflag;
        $("info_name").className = "info_area";
        $("info_name").innerHTML = " ";
    }
}
function displayInfo() {                                     //获得焦点时正常提示信息
    $("info_name").className = "black_flag";
    $("info_name").innerHTML = "4～20 个字符,由小写字母、中文、数字组成";
```

```
}
function displayPsd() {                          //显示密码提示信息
    $("info_password").className = "black_flag";
    $("info_password").innerHTML = "密码为 6～20 个字符,由英文、数字及符号组成";
}
function displayRePsd() {                         //显示重置密码提示信息
    $("info_repassword").className = "black_flag";
    $("info_repassword").innerHTML = "密码为 6～20 个字符,可由英文、数字及符号组成";
}
</script>
```

② 生成验证码的 JavaScript 代码：

```
/* verifycode.js */
var code;
function createCode() {                           //随机产生验证码
    code = "";
    var codeLength = 4;                           //验证码的长度
    //在主 HTML 文件中插入显示验证码的元素,例如 div、span 等
    var checkCode = document.getElementById("checkCode");
    var codeChars = new Array(0, 1, 2, 3, 4, 5, 6, 7, 8, 9, 'a', 'b', 'c', 'd', 'e', 'f', 'g', 'h', 'i',
'j', 'k', 'l', 'm', 'n', 'o', 'p', 'q', 'r', 's', 't', 'u', 'v', 'w', 'x', 'y', 'z', 'A', 'B', 'C', 'D', 'E',
'F', 'G', 'H', 'I', 'J', 'K', 'L', 'M', 'N', 'O', 'P', 'Q', 'R', 'S', 'T', 'U', 'V', 'W', 'X', 'Y', 'Z');
            //组成验证码的所有候选字符,当然也可以用中文的
    for(var i = 0; i < codeLength; i++)
        {  var charNum = Math.floor(Math.random() * codeChars.length);
            code += codeChars[charNum];
        }
        if(checkCode) {
            checkCode.className = "code";
            checkCode.innerHTML = code;
        }
}
function validateCode() {                          //校验验证码
    //调用程序中需要在表单中插入一个 id 为 inputCode 的单行文本输入框
    var inputCode = document.getElementById("inputCode").value;
    if(inputCode.length <= 0) {
        //alert("请输入验证码!");
        $("info_code").className = "red_flag";
        $("info_code").innerHTML = errorflag;
        $("info_code_flag").className = "info_area black_flag";
        $("info_code_flag").innerHTML = "请输入验证码!";
    }else if(inputCode.toUpperCase() != code.toUpperCase()) {
        //alert("验证码输入有误!");
        $("info_code").className = "red_flag";
        $("info_code").innerHTML = errorflag;
        $("info_code_flag").className = "info_area black_flag";
        $("info_code_flag").innerHTML = "验证码输入有误!";
    createCode();
    } else {
        //alert("验证码正确!");
        $("info_code").className = "green_flag";
        $("info_code").innerHTML = rightflag;
        $("info_code_flag").className = "info_area";
        $("info_code_flag").innerHTML = " ";
    }
}
```

（5）保存并查看网页。

设计完代码后保存网页文件，通过浏览器查看页面，填写相关表单数据逐项进行验证。

项目 23　HTML5 结构元素页面布局设计

1．实训要求

使用 HTML5 新增结构元素完成常用页面布局设计，效果如图 8-3 所示。

图 8-3　HTML5 结构元素页面布局设计

功能要求如下：

（1）使用 HTML5 新增结构元素 header、article、section、aside、footer 等标记对页面进行分区，然后分别定义每个标记的 CSS 样式。

（2）按图 8-3 所示的效果定义页面导航栏，并设置超链接（href 为"♯"）。

（3）页面中所使用的图像按出现的先后顺序分别为 logo.png、html5_logo.png、css3_logo.png、javascript_logo.png、html5.png，图像存储在 pro82 子文件夹中。

（4）主体部分放在图层中。在图层中分别插入 article、aside 标记。article 标记分别插入 3 个 section 标记，在每一个 section 标记中分别插入 3 幅图。aside 标记分别插入 figure 和 figcaption 标记，并在 figure 标记中插入图像 htm15.png。

2．实训内容

（1）HTML5 新增结构元素的应用。

（2）结构元素样式的定义。

（3）图像标记的应用。

（4）超链接标记的应用。

（5）结构元素浮动属性的应用。

3．实训所需知识点

（1）页眉 header 标记。

```
< header id = "header"></header >
```

（2）样式 style 标记。

```
< style type = "text/css">
    * {padding: 0px;margin: 0px;}
</style>
```

（3）文章 article 标记。

```
< article id = "article">
    < section id = "section">
    </section>
</article>
```

（4）导航 nav 标记。

```
< nav id = "nav">
    < ul >
        < li >< a href = "#">首页</a></li>
        < li >< a href = "#"> HTML5 </a></li>
        < li >< a href = "#"> CSS3 </a></li>
    </ul>
</nav>
```

（5）页脚 footer 标记。

```
< footer id = "footer">
    < p > Copyright &copy; Web 前端开发工作室-业务开发部-网站建设</p>
</footer>
```

（6）侧边 aside 标记。

```
< aside id = "aside">
    < figure >
        < img src = "html5.png">
        < figcaption > HTML5 结构元素侧边 aside </figcaption>
    </figure>
</aside>
```

（7）图像 img 标记。

```
< img src = "javascript_logo.png" />
```

4．实训过程与指导

使用 HTML5 新增结构元素完成常用页面布局设计,具体步骤如下:

（1）文档结构的创建。

① 启动程序,创建 HTML 文档。启动编辑器软件,新建 HTML 网页,在首行插入注释语句,注明程序名称为 prj_8_2.html。格式如下:

```
<! -- prj_8_2.html -->
```

② 保存文件。输入文件名为 prj_8_2.html,然后保存文件。

（2）页面内容设计。

在 body 标记中插入 HTML5 新增结构元素、img、无序列表、插图及插图标题等标记，完成页面布局设计。

① 在 body 中插入一个 header 标记，并定义 id 为"header"。

② 在 body 中插入一个 nav 标记，定义 id 为"nav"。在其中插入含有 6 个列表项的无序列表，列表项均为超链接，链接的标题分别为"首页"、HTML5、CSS3、JavaScript、DOM、BOM。

③ 在 body 中插入 div 标记，并在其中分别插入一个 article 标记和一个 aside 标记。

a. 在 article 标记中分别插入 3 个 section 标记，并在每个 section 标记中插入一个图像，图像分别为 html5_logo. png、css3_logo. png、javascript_logo. png。

b. 在 aside 标记中分别插入 figure、figcaption 和 img 标记，插图标题为"HTML5 结构元素侧边 aside"，图像名为 html5. png。

④ 在 body 中插入 footer，并在其中分别插入一个 p 标记，内容为"Copyright © Web 前端开发工作室-业务开发部-网站建设"。

（3）表现设计。

在 style 标记中定义 HTML5 新增结构元素和新标记的样式。具体样式定义要求如下：

① 定义全局样式。样式为填充和边界均为 0。

② 定义 header 标记样式。样式为宽度 100%、高度 60px、填充 10px、背景颜色 ♯4B5B6B、背景图像 logo. png。

③ 定义 ul 样式。样式为宽度 100%、高度 80px、背景颜色 ♯D0C0B0、文本水平居中、列表样式类型 none。

④ 定义 li 样式。样式为宽度 160px，高度 40px，显示为行内块方式，字体大小 28px，填充上下 20px、左右 10px。

⑤ 定义超链接 a:link、a:visited、a:active 样式。样式为字符装饰 none。

⑥ 定义超链接 a:hover 样式。样式为宽度 160px，高度 80px，填充上下 20px、左右 10px、背景颜色 ♯CCFF99。

⑦ 定义 div 的 ♯main 样式。样式为宽度 100%、高度 500px、背景颜色 ♯FEFEFE。

⑧ 定义 article 的 ♯article 样式。样式为宽度 75%、高度 500px、背景颜色 ♯DBDACA、向左浮动。

⑨ 定义 section 的. section 样式。样式为宽度 320px、高度 440px、文本居中显示、垂直居中对齐、边界 20px、向左浮动、边框 1px、虚线、♯006600。

⑩ 定义 img 的样式。样式为宽度 300px、高度 400px、边界 10px。

⑪ 定义 aside 的 ♯aside 样式。样式为宽度 25%、高度 500px、背景颜色 ♯9F9F9A、文本居中显示、垂直居中对齐、向右浮动。

⑫ 定义 footer 的 ♯footer 样式。样式为清除两边浮动、宽度 100%，高度 80px，背景颜色 ♯EAEADA、文本居中显示、填充上下 20px、左右自动。

⑬ 定义 footer 中的 p 样式。样式为字体大小 20px、高度 26px、顶部填充 25px。

（4）保存并查看网页。

完成代码设计后保存网页文件，通过浏览器查看效果。

项目 24　HAB 公司行业案例 CSS3 特效页面设计

1．实训要求

以 HAB 公司主页中的行业案例局部页面为例，使用 HTML5 和 CSS3 新特性完成特效页面布局设计，效果如图 8-4～图 8-6 所示。

功能要求如下：

（1）使用 HTML5 新增结构元素 header、article、section、nav 等标记对页面进行分区，然后分别定义每个标记的 CSS 样式，如图 8-4 所示。

图 8-4　HAB 公司行业案例局部初始页面

（2）设置 HAB 公司页面的导航栏，并设置超链接（href 为"♯"），导航区域的背景图像不重复、居左上部，背景颜色为♯404143。

（3）当用户用鼠标指针在下列 3 幅图上盘旋时，在该层的上层会出现文字图层，同时背景图像将进行放大，超出部分将会隐藏起来，如图 8-5 和图 8-6 所示。

图 8-5　HAB 公司行业案例局部鼠标盘旋时的特效页面

2．实训内容

（1）HTML5 新增结构元素的应用。

（2）结构元素样式的定义。

（3）使用无序列表设计导航栏。

（4）超链接和图像标记的应用。

（5）CSS3 过渡和 2D 转换的应用。

图 8-6　鼠标盘旋时指向"查看更多"
　　　时的超链接效果

3．实训所需知识点

（1）页眉 header 标记。

```
< header id = "header"></header >
```

（2）样式 style 标记。

```
< style type = "text/css">
    * {padding: 0px;margin: 0px; }
</style >
```

（3）文章 article 标记。

```
< article id = "article"></article >
```

（4）导航 nav 标记。

```
< nav id = "nav">
    < ul >
        < li >< a href = "♯">产品技术</a></li >
        < li >< a href = "♯">解决方案</a></li >
        < li >< a href = "♯">服务</a></li >
        ...
    </ul >
</nav >
```

（5）图像 img 标记。

```
< img class = "ratio - img" data - ratio = "0.5631" src = "tianjin. jpg" alt = "" />
```

（6）图层 div 标记。

```
< div id = "hab_header">
  < h2 >行业</h2 >
  < p ></p >
</div >
```

（7）标题字标记。

```
< h1 class = "fnt_18">服务浦东政务</h1 >
< h2 >行业</h2 >
< h5 class = "fnt_18">服务天津地铁</h5 >
```

（8）CSS3 过渡 transition 属性。

```
transition: property duration timing - function delay;
transition: width 2s;          / * 宽度上过渡 2s * /
transition: all 0.3s;          / * 所有属性上过渡 0.3s * /
```

（9）CSS3 2D 转换 transform 属性。

```
transform:scale(x,y);
transform: scale(1.1, 1.1);              //X、Y轴均放大 1.1 倍
```

4．实训过程与指导

使用 HTML5 新增结构元素完成常用页面布局设计。其具体步骤如下：

（1）文档结构的创建。

① 启动程序，创建 HTML 文档。启动编辑器软件，新建 HTML 网页，在首行插入注释语句，注明程序名称为 prj_8_3.html。格式如下：

```
<!-- prj_8_3.html -->
```

② 保存文件。输入文件名为 prj_8_3.html，然后保存文件。

（2）页面内容设计。

在 body 标记中插入 HTML5 新增结构元素、img、无序列表、超链接等标记，完成页面布局设计。

① 在 body 中插入一个 header 标记，并定义 class 为"nav-bar"。

② 在 header 中插入一个 nav 标记，在其中插入无序列表，class 为"nav"。在无序列表中插入 6 个列表项，列表项的内容均为超链接，链接的标题分别为"产品技术""解决方案""服务""HAB 大学""合作伙伴""关于我们"。

③ 在 body 中插入 div 标记，并定义 id 为"hab_header"，在其中分别插入一个 section 标记。在 section 标记中分别插入一个 h2 标记和两个 p 标记。

标题字和段落标记的内容分别为"行业""CFGS 架构是 HAB"云网融合"解决方案的核心支撑，将云计算、智慧网络、IT 安全、移动化等解决方案融会贯通……""并通过软件定义与资源编排，实现 IT 基础设施资源自动化调度、弹性扩展、应需而动。"。

④ 在 body 中插入 div，并在其中插入一个 article 标记，内容为含 3 个列表项的无序列表。

每一个列表项的类名均为"col-xs-12 col-sm-4"。列表项中包含一个类名为"hab_m_img_1 habhover tran_scale"的图层 div，在其中分别插入图像超链接、h5 标题字标记和另一个 div（子图层），子图层的类名为"xihab_3-10"。

3 个列表项包含的超链接和图像信息分别如下：

超链接的 href 属性值设置为"♯"。标题字 h5 的内容分别为"服务浦东政务""服务天津地铁""服务 Web 技术大学"。

图像保存在 pro83 子文件夹中，文件名分别为 pudong. jpg、tianjin. jpg、shanghai. jpg。img 标记的类名为"ratio-img"。

在 3 个子图层中分别插入 h1、p、a 标记。定义 h1 的类名为"fnt_18"，定义超链接的类名为"bottom_hab_3-10"。其中包含的信息分别如下：

• "服务浦东政务""HAB 公司连续多年保持政务信息化建设领域市场份额第一，在中

央部委的应用份额超过了70％,凭借对政务的理解和先进的云计算技术成为政务云
最……""查看更多"。超链接的 href 属性值同上。

- "服务天津地铁""HAB 公司作为一家本土化、专注在交通信息化的解决方案供应
商,紧跟中国交通信息化步伐,利用研发创新与交通贴身服务,为交通信息化带来更
多……""查看更多"。超链接的 href 属性值同上。
- "服务 Web 技术大学""HAB 公司近日成功中标'Web 技术大学 SDN 下一代校园
网'项目,将对 Web 技术大学两个校区的原有核心网络进行面向 SDN 的下一代校园
网升级改造,为一万多名在校师生提供智能化的校园网络服务""查看更多"。超链
接的 href 属性值同上。

（3）表现设计。

在 style 标记中定义 HTML5 新增结构元素及相关标记的样式。具体样式定义要求
如下:

① 定义全局样式。样式为填充和边界均为 0。

② 定义 header 标记的类 nav-bar 样式。样式为宽度 100％、高度 50px、背景颜色
♯404143、背景图像 pro83/hablogo.png、不重复、居左上部。

③ 定义 ul 的类 nav 样式。样式为左填充 200px、顶部填充 15px、列表样式类型 none。

④ 定义.nav 中的 li 样式。样式为宽度 100px、文本水平居中对齐、向左浮动。

⑤ 定义.nav 中的 li 中包含的超链接 a：link、a：visited、a：active 样式。样式为字符装
饰 none、颜色为♯FFFFFF。

⑥ 定义.nav 中的 li 中包含的超链接 a：hover 样式。样式为字符装饰 none、颜色 red。

⑦ 定义 div 的 hab_header 样式。样式为文本水平居中对齐、顶部边界 70px。

⑧ 定义名为 hab_header 的 div 中 p 的样式。样式为文本水平居中对齐、顶部边界 8px、
字体大小 14px、颜色♯7F7F7F。

⑨ 定义 div 的类 hab_Search_industry_box 样式。样式为左右填充均为 40px、顶部边界
60px、溢出隐藏(overflow：hidden)。其中的无序列表样式为列表样式类型 none、边界上下
为 0、左右为－14px。无序列表中的列表项样式为向左浮动。在列表项上盘旋时,类 xihab_
3-10 样式改为块显示方式。

⑩ 定义 div 的类 wrap 样式。样式为宽度 100％、左右边界分别为自动。

⑪ 定义 a 的.bottom_hab_3-10 样式。样式为宽度 101px、高度 25px、边框 1px、实线、
♯FFF、文本居中显示、行高 23px、字体大小 12px、颜色♯FFF、块显示方式、边界上下为 0、
左右自动、顶部边界 30px。

⑫ 定义 img 的样式。样式为所有属性上过渡 0.3s(transition：all 0.3s)。

⑬ 定义 div 的类 tran_scale 样式。样式为显示方式为块状、溢出隐藏。其中的图像 img
样式中所有属性过渡 0.3s(transition：all 0.3s)。当在该图层中盘旋时,图像 img 样式为宽
度和高度上均放大 1.1 倍(transform：scale(1.1,1.1))。

⑭ 定义 li 的类 col-xs-12 样式。样式为相对定位方式、左右填充均为 15px、宽度 100％、
最小高度 1px。

⑮ 定义 li 的类 col-sm-4 样式。样式为宽度 30.33333333％、边界上下为 0、左右 0.3％。

⑯ 定义标题字标记的类 fnt_18 的样式。样式为字体大小 18px。

⑰ 定义 a 标记的类 bottom_hab_3-10 的 hover 样式。样式为背景颜色♯E60012、颜色
♯FFF。

⑱ 定义 div 标记的类 xihab_3-10 的样式。样式为背景图像 head-b1g.png、显示方式为

none、宽度和高度均为 100％、左上部位置均为 0px、绝对方式。其中的 h1 样式为颜色 ♯FFF、水平居中对齐、顶部边界 10％。其中的 p 标记样式为颜色♯FFF、顶部边界 20px、填充上下为 0、左右为 10％、高度为 4.6em、溢出隐藏。

⑲ 定义 div 标记的类 hab_m_img_1 的样式。样式为相对定位。其中的 img 样式为宽度 100％。其中的 h5 样式为绝对定位、背景图像 head-b1g.png、宽度为 100％、左上部位置均为 0px、行高为 45px、颜色为♯FFF、填充上下为 0、左右为 5％。当用鼠标指针在该图层上盘旋时,其中的 h1 样式为不显示(display：none)。

⑳ 定义 img 的类 ratio-img 的样式。样式为宽度为 100％、高度为自动。

（4）保存并查看网页。

完成代码设计后保存网页文件,通过浏览器查看页面特效。

项目 25　纯 CSS3 偏光图像画廊

1．实训要求

使用 CSS3 转换（旋转、放大等）、边框阴影等新特性完成"纯 CSS3 偏光图像画廊"页面的设计,初始页面效果如图 8-7 所示。当用户移动鼠标指针在某一张图像上盘旋时,该图像恢复正常显示,并且 X、Y 轴方向上均放大 1.5 倍、过渡 3s,效果如图 8-8 所示。

图 8-7　纯 CSS3 偏光图像画廊初始页面

功能要求如下：

（1）使用 CSS3 转换和边框阴影特性对图像进行初始效果和鼠标盘旋时效果的设计。

（2）使用无序列表和图像标记完成基本页面布局设计。

（3）使用 CSS 对 HTML 元素进行样式设置。

2．实训内容

（1）HTML5 新增页面元素 header、hgroup 标记的应用。

（2）结构元素样式的定义。

（3）无序列表、超链接、图像标记的应用。

图 8-8 纯 CSS3 偏光图像画廊鼠标盘旋时的页面

（4）CSS3 转换 transform、过渡 transition 属性的应用。

（5）CSS3 transform 和 transition 属性的应用。

```
transition: all 3s;          /*所有属性过渡 3s*/
```

3．实训所需知识点

（1）页眉 header 标记。

```
< header id = "header"></header >
```

（2）样式 style 标记。

```
< style type = "text/css">
    * {padding: 0px;margin: 0px;}
</style >
```

（3）标题组合 hgroup 标记。

```
< hgroup >
    < h1 >纯 CSS3 偏光图像画廊 </h1 >
    < h3 > Copyright &copy; Line25.com. 版权所有  2017 - 2025 </h3 >
</hgroup >
```

（4）图层、无序列表、超链接与图像标记。

```
<div class = "gallery">
   <ul class = "gallery">
      <li>
         <a href = "#" class = "pic-1"><img src = "pro84/image-1.jpg" title = "pic-1"></a>
      </li>
   </ul>
</div>
```

（5）CSS3 transform 属性的应用。

```
-webkit-transform: rotate(angle);        /* Safari and Chrome,旋转一定角度 deg */
-moz-transform: rotate(-5deg);           /* Firefox,旋转一定角度 */
transform: rotate(-5deg);                /* 旋转一定角度 */
transform: scale (x,y);                  /* x,y 分别缩放的倍数 */
transform: scale(1.5,1.5);               /* X、Y 轴方向分别放大 1.5 倍 */
```

4．实训过程与指导

使用 CSS3 转换、边框阴影等新特性设计"纯 CSS3 偏光图像画廊"页面,具体步骤如下：
（1）文档结构的创建。

① 启动程序,创建 HTML 文档。启动编辑器软件,新建 HTML 网页,在首行插入注释语句,注明程序名称为 prj_8_4.html。格式如下：

```
<!-- prj_8_4.html -->
```

② 保存文件。输入文件名为 prj_8_4.html,然后保存文件。
（2）页面内容设计。

在 body 标记中插入 div、header、ul、li 及 img 等标记,完成页面布局设计。
① 在 body 中插入一个 div 标记,并定义 class 为 container。
② 在 body 中插入一个 header 标记,在其中插入包含 h1、h3 标记的 hgroup 标记,h1、h3 标记的内容分别为"纯 CSS3 偏光图像画廊""Copyright © Line25.com. 版权所有 2017-2025"。
③ 在 body 中插入一个 class 为 gallery 的 ul 标记,并在其中分别插入 6 个 li 标记。在每个列表项中分别插入一个图像超链接。
- 6 个超链接的 class 属性和图像的 title 属性的值相同,分别为 pic-1、pic-2、pic-3、pic-4、pic-5、pic-6。
- 6 个图像文件分别为 image-1.jpg、image-2.jpg、image-3.jpg、image-4.jpg、image-5.jpg、image-6.jpg。图像文件存储在 pro84 子文件夹中。
（3）表现设计。

在 style 标记中定义 div、header、ul、li 及 img 等标记样式。具体样式定义要求如下：
① 定义全局样式。样式为填充、边界和边框均为 0。
② 定义 body 标记样式。样式为背景图像 pro84/image-bg.jpg、背景颜色 #959796。
③ 定义 header 样式。样式为文本水平居中,边界上下 0、左右自动,颜色 #EEDDFF。
④ 定义 div 的 #container 样式。样式为宽度 900px,边界上下 40px,左右自动,文本水平居中。
⑤ 定义 h1 样式。样式为字体标粗,大小 48px,行高 50px,字体名称 Helvetica、Arial、

Sans-serif,颜色♯EEE,文本阴影水平、垂直5px,模糊距离10px,颜色♯000。字符间距5px。

⑥ 定义h3 a:hover样式。样式为颜色♯90BCD0。

⑦ 定义ul的.gallery样式。样式为边界上下40px、左右自动,列表样式类型none。

⑧ 定义article的♯article样式。样式为宽度75%、高度500px、背景颜色♯DBDACA、向左浮动。

⑨ 定义li中的超链接li a样式。样式为相对定位、向左浮动、填充10px,边框1px、虚线、♯FFF,背景颜色♯EEE,边框阴影水平2px、垂直4px、模糊距离15px、阴影颜色♯333。

⑩ 定义ul.gallery li a.pic-1的样式。样式为z-index为1,旋转－15°,支持Safari、Chrome、Firefox等浏览器。

⑪ 定义ul.gallery li a.pic-2的样式。样式为z-index为5,旋转－5°,支持Safari、Chrome、Firefox等浏览器。

⑫ 定义ul.gallery li a.pic-3的样式。样式为z-index为3,旋转6°,支持Safari、Chrome、Firefox等浏览器。

⑬ 定义ul.gallery li a.pic-4的样式。样式为z-index为4,旋转18°,支持Safari、Chrome、Firefox等浏览器,左部距离－544px。

⑭ 定义ul.gallery li a.pic-5的样式。样式为z-index为1,旋转－15°,支持Safari、Chrome、Firefox等浏览器,左部距离272px,顶部距离－210px。

⑮ 定义ul.gallery li a.pic-6的样式。样式为z-index为6,旋转10°,支持Safari、Chrome、Firefox等浏览器,左部距离272px,顶部距离－210px。

⑯ 定义ul.gallery li a：hover的样式。样式为z-index为10,旋转0°,边框阴影水平3px、垂直5px、模糊距离15px、阴影颜色♯333,X、Y轴方向放大1.5倍,所有属性上过渡3s。

（4）保存并查看网页。

完成代码设计后保存网页文件,通过浏览器查看效果。

课外拓展训练8

1. 使用HTML5＋CSS3实现一款注册表单实例,初始效果如图8-9所示。当用户输入某一项时(即文本框等元素获得焦点时),此文本框等输入元素在水平和垂直方向上自动放大1.1倍,如图8-10所示。具体要求如下：

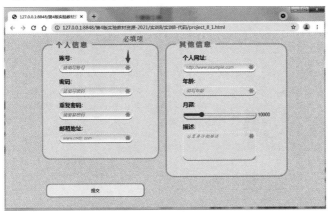

图8-9　HTML5表单初始页面效果图

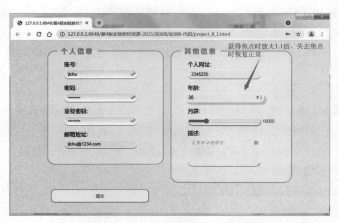

图 8-10 HTML5 表单输入时的页面效果图

（1）在 body 中插入一个 div。定义 div 样式为边界上下 0px、左右自动、宽度 770px、文本居中对齐。

（2）在 div 标记中分别插入两个表单域，id 分别为 account、personal。两个表单域将表单元素进行分组：一组为个人信息，分别有账号、密码、重复密码、邮箱地址；另一组为其他信息，分别有个人网址、年龄、月薪、描述。插入一个提交按钮，如图 8-9 所示。其中月薪的值输出在右边的 span 标记(id 为 rangevalue)中，具体实现代码如下：

```
< script >
    function showValue(value) {              /* 显示月薪 */
        document.getElementById("rangevalue").innerHTML = value;
    }
</script >
```

（3）所有输入项均设置占位符 placeholder 属性，其具体内容如图 8-9 所示，占位符样式定义参照如下代码实现：

```
input: - webkit - input - placeholder, textarea: - webkit - input - placeholder{
  /*将占位符中提示信息的颜色定义为浅灰色*/
  color: #AAA;
  font - style: italic;
  text - shadow: 1px 1px 0 #FFF;
}
/* 考虑到浏览器的兼容性,参照如下代码设计不同的浏览器效果 */
input: - webkit - input - placeholder { /*  WebKit browsers */
    color:#999;font - size:14px; }
input: - moz - placeholder { /*  Mozilla Firefox 4 to 18 */
    color:#999;font - size:14px; }
input: - moz - placeholder { /*  Mozilla Firefox 19 + */
    color:#999;font - size:14px; }
input: - ms - input - placeholder { /*  Internet Explorer 10 + */
    color:#999;font - size:14px;}
/* 必填项、有效项和无效项,参照下列代码设置页面效果 */
input.textbox:required {
   background: url('kwtz81/required.png') no - repeat 200px 5px #F0F0EF;
   background: url('kwtz81/required.png') no - repeat 200px 5px, - webkit -
gradient(linear, left top, left bottom, from( #E3E3E3), to( #FFFFFF));
}
```

（4）页面背景图像文件为 kwtz81/image-bg. jpg,输入域的背景图像有 3 个,分别是必填项 kwtz81/required. png、有效项 kwtz81/valid. png、无效项 kwtz81/invalid. png。

（5）程序名称为 project_8_1. html。

注：参考网址为"http://blog. csdn. net/xuweilinjijis/article/details/8814151"。

2. 编写程序实现"CSS3 过渡动画画廊"页面。利用 CSS3 过渡特性让每幅图像初始旋转不同的角度,页面效果如图 8-11(a)所示;当用户将鼠标指针在某一图像上盘旋时,图像位于顶层,并在 1.5s 后恢复正常显示,如图 8-11(b)所示。具体要求如下：

(a) 初始时的效果　　　　　　　　　　　　(b) 盘旋时的效果

图 8-11　CSS3 过渡动画画廊

（1）图像名分别为 image-1. jpg、image-2. jpg、image-3. jpg、image-4. jpg、image-5. jpg、image-6. jpg,图像文件存储在 kwtz82 子文件夹中。

（2）背景图像使用可缩放矢量图形,文件名为 kwtz82/background. svg。在浏览器中的效果如图 8-12 所示。其中黑色部分的透明度(alpha)值为 1,将完全显示其下方的图像区域,而其余部分的透明度值为 0(alpha 值),将完全覆盖其下方的图像区域。

（3）图像放置的参考代码如下：

```
< div id = "img1">
    < img src = "kwtz82/image - 1. jpg">
    < span > Image 1 caption </span >
</div >
```

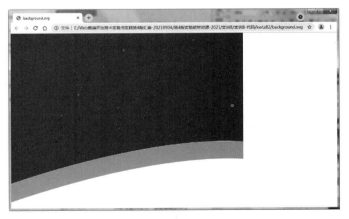

图 8-12　背景可缩放矢量图形在浏览器中的效果

（4）需要使用 CSS3 遮罩（Chrome 和 Firefox 支持）的 mask-box-image 属性：

```
-webkit-mask-box-image: <uri> <top> <right> <bottom> <left> <x_repeat> <y_repeat>;
                                                                    /*设置格式*/
#gallery img {                    /*使用 CSS3 遮罩*/
    -webkit-mask-box-image: url('kwtz82/background.svg');
}
```

（5）程序名称为 project_8_2.html。

第四部分　JavaScript应用

JavaScript基础应用

项目 26　改变新闻网页中的字号

1．实训要求

很多网站的新闻版块均设有个性化的"选择字号【大中小】"链接的功能，主要是给不同的网络访问者带来视觉上的直观感觉。例如江苏省人民政府网站的首页下的"江苏要闻"，选择某一新闻，打开页面，如图 9-1 所示。

根据江苏省人民政府网站中的这一个性化的功能设计如图 9-2 所示的界面，要求当网络访问者选择字号中的"大""中""小"时能实现页面字号的大小变化，当选择"中"时，页面效果如图 9-3 所示。

选择字号

图 9-1 江苏省人民政府网站

图 9-2 单击前的初始状态页面

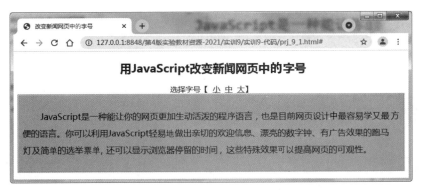

图 9-3 单击"中"链接后的页面

2．实训内容

（1）图层的创建与应用。

（2）内部样式表的定义及应用。

（3）自定义函数的定义与应用。

（4）超链接的定义与应用。

3．实训所需知识点

（1）图层 div 标记。

```
< div id = "content"></div>
```

（2）样式 style 标记。

```
< style type = "text/css">
    #div1{text - align:center;font - size:12px;}
    #content{font - size:12px;line - height:2em;background: #000099;
            padding:10px;color:white;border:2px groove #0000CC;}
    p{text - indent:2em;}
</style>
```

（3）脚本 script 标记。

```
< head >
    < script type = "text/javascript" src = "外部 js">…</script>
</head>
```

（4）超链接 a 标记。

```
< a href = "javascript:setFont('12px')">小</a>
< a href = " # " onclick = "setFont('12px')">小</a>
```

（5）标题字 h3 标记。

```
< h3 align = "center">用 JavaScript 代码改变网页字体大小</h3>
```

4．JavaScript 脚本的放置与函数

• 在 head 标记中：

```
< head >
    < script type = "text/javascript">…</script>
</head>
```

如果脚本放在 head 标记中，script 标记中的脚本代码必须定义成函数形式，格式如下：

```
function functionname(参数 1,参数 2,…,参数 n){函数体}
```

• 在 body 标记中：

```
< body >
    < script type = "text/javascript">…</script>
</body>
```

如果脚本放在 body 标记中，script 标记中的脚本代码既可以是函数，也可以是代码段。但在 body 标记中可以调用已经定义过的脚本函数，调用方式可以是事件调用，也可以是简约化调用，还可以是动态调用。

• JavaScript 自定义函数结构：

格式：function 函数名(参数 1,参数 2,…,参数 n){函数体}

```
function setFont(size){
    /*定义设置字体大小函数*/
    //size:大小,单位为px
    var obj = document.getElementById("content");       //根据 id 获取文档对象
    obj.style.fontSize = size;                          //设置对象的字体大小
    obj.style.color = "#FF0000";                        //设置对象的颜色
}
```

- 在超链接中调用 JavaScript：

```
< a href = "javascript:setFont('12px')">小</a>            //简约化调用
< a href = "#" onclick = "setFont('18px');">中</a>        //事件调用
< a href = "javascript:setFont('24px');">大</a>          //简约化调用
```

5．实训过程与指导

编程实现"改变新闻网页中的字号"页面。其具体步骤如下：

（1）文档结构的创建。

① 启动程序，创建 HTML 文档。启动编辑器软件，新建 HTML 网页，在首行插入注释语句，注明程序名称为 prj_9_1.html，格式如下：

```
<!-- prj_9_1.html -->
```

② 保存文件。输入文件名为 prj_9_1.html，然后保存文件。

（2）页面内容设计。

在 body 标记中插入一个 h2、两个 div、一个 p 标记和 3 个超链接。

① 在 body 中插入一个 h2，内容为"用 JavaScript 改变新闻网页中的字号"，标题居中。

② 在 body 中插入 div，定义 id 为 div1，div 中的内容为"选择字号【小中大】"，分别给"小""中""大"设置超链接，并给超链接设置 href、onclick 等属性，完成自定义函数的调用，超链接的格式如下：

```
< a href = "javascript:setFont('12px')">小</a>
< a href = "#" onclick = "setFont('18px');">中</a>
< a href = "#" onclick = "setFont('24px');">大</a>
```

③ 在 body 中插入第 2 个 div，定义图层的 id 为 content，并在 div 中插入一个 p 标记。p 标记的内容如下：

```
        JavaScript 是一种能让你的网页更加生动活泼的程序语言,也是目前网页设计中最容易学又最
    方便的语言。你可以利用 JavaScript 轻易地做出亲切的欢迎信息、漂亮的数字钟、有广告效果的跑马
    灯及简单的选举票单,还可以显示浏览器停留的时间,这些特殊效果可以提高网页的可观性。
```

（3）表现设计。

在 style 标记中分别定义图层、段落的样式，样式定义如下：

① 定义第 1 个 div 样式。#div1 样式为文本居中对齐、字体大小 16px。

② 定义第 2 个 div 样式。#content 样式为字体大小 12px、行高 2em、填充 10px、背景颜色 #C0C0C0、颜色 black、边框线粗细 2px、线型 groove、线颜色 #FCFF57。

③ 定义 p 标记样式。p 样式为首行缩进两个字符。

④ 保存网页。

（4）自定义 JavaScript 函数。

① 在 head 标记中插入 script 标记，并定义 $(id)函数。该函数是通过对象的 id 号获取页面对象的方法，代码如下：

```
function $(id){return document.getElementById(id);}
```

② 在 head 标记中插入 script 标记，并定义 setFont(size)函数：

```
//定义设置字体大小函数
function setFont(size){
    $("content").style.fontSize = size;          //调用 $(id)函数,调用时参数必须带双引号
}
```

注：在 DOM 中 Style 对象的属性与 CSS 样式中常用的属性名称未必相同。HTML DOM Style 对象支持的属性有背景、边框和边距、布局、列表、杂项、定位、打印、滚动条、表格、文本、规范。此处仅列举与文本相关的部分属性，如表 9-1 所示。

（5）保存并查看网页。

完成代码设计后再次保存网页文件，通过浏览器查看页面，效果如图 9-2 所示。

Style 对象的属性可通过"http://www.w3school.com.cn/htmldom/dom_obj_style.asp"网页查看。

表 9-1　与文本相关的部分属性

属　　　性	描　　　述	属　　　性	描　　　述
color	设置文本的颜色	fontWeight	设置字体的粗细
font	在一行中设置所有的字体属性	letterSpacing	设置字符间距
fontFamily	设置元素的字体系列	lineHeight	设置行间距
fontSize	设置元素的字体大小	textAlign	排列文本
fontStyle	设置元素的字体样式	textIndent	缩进首行文本
fontVariant	用小型大写字母字体来显示文本	textTransform	对文本设置大写效果

项目 27　计算任意区间内连续自然数的累加和

1．实训要求

（1）掌握外部 JavaScript 脚本的编程方法，学会在 HTML 文档中引用外部自定义函数，完成计算任意区间内连续自然数的累加和 sum(n1,n2)、显示累加和 show()等函数的定义，实现页面布局如图 9-4 所示。

（2）学会使用 Document 文档对象模型获取 HTML 页面元素的方法。

2．实训内容

（1）JavaScript 外部函数的定义与引用。

（2）使用事件调用 JavaScript 函数。

（3）图层的定义与应用。

（4）内部样式表的定义与应用。

图 9-4　计算累加和页面效果图

（5）表单与表单控件的定义与应用。

3．实训所需知识点

（1）图层 div 标记。

```
<div id = "div1" class = "">< /div>     <! -- 用于放置表单 -->
```

（2）样式 style 标记。

```
<style type = "text/css">
    div{margin:0 auto; border:12px inset ＃FF0000;}     /＊图层样式＊/
    form{margin:0 auto; padding:10px;}                 /＊表单样式＊/
</style>
```

（3）表单 form 标记。

```
<form name = "" action = "" method = "post">
    <input type = "text" id = "start_num" readonly>
    <input type = "button" onclick = "show();" >
    <input type = "reset" >
</form>
```

（4）脚本 script 标记。

它有两种格式,分别使用 type、language 属性定义。

```
<script type = "text/javascript" src = "pro92/sum.js">< /script>
<script language = "javascript" src = "pro92/sum.js">< /script>
```

4．实训过程与指导

编程实现"计算任意区间内连续自然数的累加和"页面,具体步骤如下：

（1）文档结构的创建。

① 启动程序,创建 HTML 文档。启动编辑器软件,新建 HTML 网页,在首行插入注释语句,注明程序名称为 prj_9_2.html,格式如下：

```
<! -- prj_9_2.html -->
```

② 保存文件。输入文件名为 prj_9_2.html，然后保存文件。

（2）页面内容设计。

在 body 标记中插入一个 div、一个 form 标记、两个 h3 和若干表单控件。

① 在 body 中插入一个 div。

② 在 div 中插入 h3 标记，h3 标记的内容为"计算任意区间内连续自然数的累加和"。

③ 在 div 标记中插入 form 标记，并定义 form 的 method 和 action 属性。

④ 在 form 标记中插入 h3 标记，h3 标记的内容为"定义区间"，然后插入 3 个 label 标记，其内容分别是"起始数:""终止数:""累加和:"。在每个 label 标记后分别插入一个单行文本输入框，它们的 id 属性分别为 start_num、end_num、sum，name 属性值与 id 相同，累加和文本框设置只读属性。

⑤ 在 form 标记中插入一个普通按钮，设置 value 值为"计算"，指派 onclick 属性值为"show();"。最后插入一个重置按钮，设置 value 值为"清空"。

⑥ 完成上述代码后保存网页，并通过浏览器查看页面，效果如图 9-5 所示。

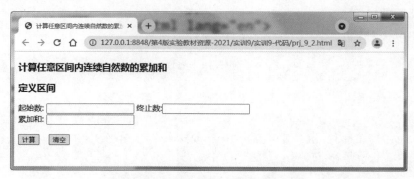

图 9-5　未应用样式时的页面效果

（3）表现设计。

在 style 标记中定义图层 div 和 from 标记的样式，具体样式定义要求如下：

① div 标记样式为文本居中对齐，边界上下 20px、左右自动，行高 1.5em，边框线粗细 18px、线型 groove、线颜色＃66FF66，宽度 560px，高度 260px，字体标粗。

② 定义 form 标记样式。form 标记样式为边界上下 20px、左右自动，填充 5px。

③ 定义 input、label 标记样式。样式为边界上下 5px、左右自动。

④ 完成样式定义后再次保存网页，查看页面效果，如图 9-4 所示。

（4）定义外部 JavaScript 函数 sum.js。

① 在 head 标记中插入 script 标记，代码如下：

```
<script type = "text/javascript" src = "pro92/sum.js"></script>
```

② 编写名为 sum.js 的外部 JavaScript 程序。选择"文件"→"新建"→"5.js 文件"命令，如图 9-6 所示，在弹出的对话框中输入文件名，选择路径，单击"创建"按钮，开始编辑 sum.js 文件。

a. 在文件的首行插入注释语句，标明程序为 sum.js。

b. 编写通过 id 号获取页面元素的通用函数 $(id)，格式如下：

图 9-6　新建 js 文件操作界面

```
function $(id){return document.getElementById(id);}
```

c. 编写计算累加和的函数 sum(n1,n2),其中 n1 是起始数,n2 是终止数。

```
function sum(n1,n2){
  for (var i = n1,sum1 = 0;i <= n2 ;i++)
  {   sum1 = sum1 + i; }                          //执行累加
    return sum1;                                  //返回计算结果
}
```

d. 编写回填显示累加和的函数 show()。该函数要求从"起始数"和"终止数"文本框中取出数据,并比较大小,起始数必须小于终止数,否则重新输入,同时清空两个文本框,"起始数"文本框获得焦点,并通过告警消息框提示错误信息。若输入数据正确,则调用 sum(n1,n2) 函数完成计算,并回填到"累加和"文本框中,代码如下:

```
function show(){
    var n11 = parseFloat( $("start_num").value);   //从文本框中取数并解析为浮点数
    var n22 = parseFloat( $("end_num").value);     //从文本框中取数并解析为浮点数
    if (n11 > 0 && n22 > 0)                         //输入数据必须大于 0
    {
    if ( n11 >= n22)
    {alert("起始数必须小于终止数,请重输!");
      $("start_num").value = "";                   //清空文本域
      $("end_num").value = "";                     //清空文本域
    }
    else{                                          //回填"累加和"文本框
      $("sum").value = sum(n11,n22);
    }
    }else{
      alert("请输入数据!");
      $("start_num").focus();                      //文本域获得焦点
    }
}
```

（5）保存并查看网页。

① 完成代码后保存网页文件，通过浏览器查看页面，效果如图 9-4 所示。

② 输入数据进行验证，具体步骤如下：

a. 若用户没有输入任何数据就单击"计算"按钮，则弹出告警消息框，如图 9-7 所示。在单击"确定"按钮后，将光标定位在"起始数"文本框中。

图 9-7　未输入区间数据时页面的效果图

b. 若用户输入的起始数大于或等于终止数，则弹出告警消息框，如图 9-8 所示。用户单击"确定"按钮后，将"起始数"和"终止数"文本框清空，方法为给 object.value 赋空字符串，并将光标定位在"起始数"文本框中，方法为 object.focus()。

图 9-8　起始数大于或等于终止数时的页面效果图

c. 若用户输入的数据符合要求（起始数和终止数必须大于 0，且起始数必须小于终止数），在单击"计算"按钮后调用函数进行计算，并将计算结果回填到"累加和"文本框中，如图 9-4 所示。

项目 28　国债认购小程序

1．实训要求

（1）掌握自定义函数的定义方法。

（2）掌握常用消息对话框的使用方法。

（3）学会使用 for 循环、if(){}else{}分支结构编程。

（4）学会绑定事件处理函数。

（5）学会使用域标记和域标题标记，并设置域标记的样式。

（6）学会使用 number 类型的文本输入框、单选按钮、普通按钮和重置按钮等表单控件。

（7）按照图 9-9～图 9-14 所示的效果完成代码的编写。

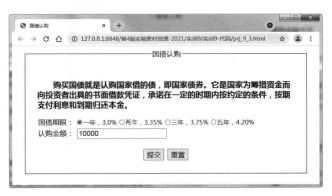

图 9-9　程序运行时的初始页面

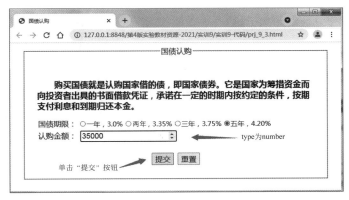

图 9-10　输入表单数据后的页面

图 9-11　确认信息框

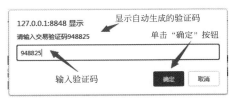

图 9-12　提示信息框——输入验证码

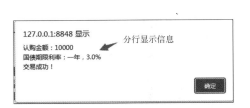

图 9-13　告警消息框——输出认购信息

图 9-14　告警消息框——交易失败

2．实训内容

（1）JavaScript 自定义函数的编写。

（2）学会使用事件调用 JavaScript 函数。

（3）域和域标题的定义与应用。

（4）内部样式表的定义与应用。

（5）表单、表单控件的定义与设置。

3．实训所需知识点

（1）样式 style 标记。

```
< style type = "text/css">
    fieldset {margin: 0 auto;width: 650px;height: 260px;padding: 30px;}
    legend,input,label {font − size: 18px;margin: 5px 2px;}
    p {text − indent: 2em;font − size: 20px;font − weight: bold;}
    blockquote {text − align: center;}
</style >
```

（2）表单 form 标记。

```
< form method = "post" action = "">
    < input type = "radio" name = "gz" id = "" value = "一年,3.0％" checked />一年,3.0％
    < input type = "number" id = "number" step = "5000" min = "10000" value = "10000" />
    < input type = "button" name = "" id = "" value = "提交" onclick = "check()" />
    < input type = "reset" value = "重置">
</form >
```

（3）脚本 script 标记。

```
< script type = "text/javascript">
  //通过 id 获取页面元素
  function $(id) {return document. getElementById(id);}
  //通过 name 获取页面中的一组元素
  function $name(name) {return document. getElementsByName(name);}
  //获取在一组单选按钮中选中的单选按钮的 value
  function getRadioValue() {}
  //确认后输入验证码,正确提示交易信息,错误提示出错信息
  function check() {}
  //随机产生 6 位验证码,且第 1 位不能为 0
  function createCode() {}
</script >
```

（4）域标记和域标题标记。

```
< fieldset >
    < legend align = "center">国债认购</legend >
</fieldset >
```

（5）p、label、blockquote 等标记。

```
< p > 购买国债就是认购国家借的债,即国家债券。它是国家为筹措资金而向投资者出具的书面借款
凭证,承诺在一定的时期内按约定的条件,按期支付利息和到期归还本金。</p>
< label >国债期限: </label >
< blockquote >
    < input type = "button" name = "" id = "" value = "提交" onclick = "check()" />
    < input type = "reset" value = "重置">
</blockquote >
```

4．实训过程与指导

编程实现"国债认购"页面。其具体步骤如下：

（1）文档结构的创建。

① 启动程序，创建 HTML 文档。启动编辑器软件，新建 HTML 网页，在首行插入注释语句，注明程序名称为 prj_9_3.html。格式如下：

```
<!-- prj_9_3.html -->
```

② 保存文件。输入文件名为 prj_9_3.html，然后保存文件。

（2）页面内容设计。

在 body 标记中插入表单、域和域标题标记，并在域中插入表单控件、blockquote、p 和 label 标记。

① 在 body 中插入一个表单 form、域和域标题标记，设置域标题居中对齐，域标题内容为"国债认购"。

② 在域标记中插入 p、input、label、blockquote 等标记。

a．插入 p 标记，内容为"购买国债就是认购国家借的债，即国家债券。它是国家为筹措资金而向投资者出具的书面借款凭证，承诺在一定的时期内按约定的条件，按期支付利息和到期归还本金。"。

b．插入 label 标记，内容为"国债期限："。连续插入 4 个单选按钮，将它们的 name 值均设置为 gz，value 值和尾随文本内容分别设置为"一年，3.0％""两年，3.35％""三年，3.75％""五年，4.20％"。

c．插入一个类型为 number 的 input 标记，分别设置 id、step、min、value 为"number""5000""10000""10000"。

d．插入一个 blockquote 标记，并在其中插入一个普通按钮和一个重置按钮。设置普通按钮的 value 属性为"提交"，指派 onclick 属性为 check()。设置重置按钮的 value 属性为"重置"。

（3）表现设计。

在 style 标记中定义相关标记的样式。具体样式定义要求如下：

① 定义 fieldset 标记样式。样式为宽度 650px、高度 260px，边界上下 0、左右自动、填充 30px。

② 定义 legend、input、label 标记样式。样式为字体大小 18px，边界上下 5px、左右 2px。

③ 定义 p 标记样式。样式为首先缩进两个字符、字体加粗、字体大小 20px。

④ 定义 blockquote 标记样式。样式为文本居中对齐。

⑤ 完成样式定义后再次保存网页，查看页面效果，如图 9-9 所示。

（4）定义 JavaScript 函数。

① 在 head 标记中插入 script 标记，代码如下。

```
< script type = "text/javascript" src = ""></script >
```

② 编写 $(id)、$name(name)。

```
//通过 id 获取页面元素
function $(id) {return document.getElementById(id);}
```

121

```javascript
//通过 name 获取页面中的一组元素
function $name(name) {return document.getElementsByName(name);}
//获取一组单选按钮中选中的单选按钮的 value 值
function getRadioValue() {
var gzs = $name('gz');
    for (var i = 0; i < gzs.length; i++) {
        if (gzs[i].checked == true) {
            return gzs[i].value;
        }
    }
}
//产生 6 位随机交易码
function createCode() {
    //第 1 位验证码数字不能为 0,后 5 位可以是[0,9]的数字
    //定义两个数字集合
    var codeset1 = new Array('1', '2', '3', '4', '5', '6', '7', '8', '9');
    var codeset2 = new Array('0', '1', '2', '3', '4', '5', '6', '7', '8', '9');
    //产生第 1 位验证码数字
    var code1 = codeset1[Math.floor(Math.random() * codeset1.length)];
    //循环产生后 5 位验证码数字
    for (var i = 0; i <= 4; i++) {
        code2 = codeset2[Math.floor(Math.random() * codeset2.length)]
        code1 = code1 + code2
    }
    return code1;
}
//确认后输入验证码,正确提示交易信息,错误提示出错信息
function check() {
    var yn = confirm("确认吗?");
    if (yn == true) {
        var ccode = createCode()
        var pass = prompt("请输入交易验证码" + ccode, "")
        if (pass == null) {
            alert('退出交易!!');
            return;
        } else {
            if (pass == ccode) {
                var msg = "认购金额:" + $("number").value;
                alert(msg + "\n" + "国债期限利率:" + getRadioValue() + "\n 交易成功!");
            } else {
                alert("交易验证码错误,退出!");
            }
        }
    } else {
        alert("退出交易!");
    }
}
```

（5）保存并查看网页。

完成代码设计后再次保存网页文件,通过浏览器验证程序的正确性。

 课外拓展训练 9

1. 编写 JavaScript 程序实现"求 200 以内的素数",如图 9-15 所示。要求如下：

（1）页面标题为"求 200 以内的素数"。

（2）页面内容为"200 以内的素数有："。

（3）使用循环结构逐一判断每一个数,是素数则输出,不是素数则跳过,并累计 200 以内有多少个素数。

（4）程序名称为 project_9_1.html。

图 9-15　求 200 以内的素数

2. 编写 JavaScript 程序实现简易密码验证,如图 9-16～图 9-18 所示。要求如下：

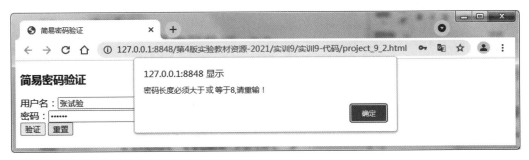

图 9-16　输入密码的长度少于 8 个字符时的验证界面

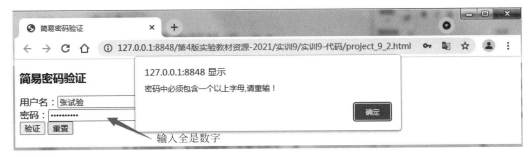

图 9-17　输入密码的长度大于 8 但不包含字母时的验证界面

图 9-18   输入密码的长度大于 8 且包含字母时的验证界面

（1）按图 9-16 所示的效果完成页面布局设计。

（2）定义验证密码函数 checkKey()，函数的功能是判断密码输入框中输入的密码的长度是否大于或等于 8，密码字符中是否包含一个以上字母，若不符合要求则提示告警信息，分别为"密码长度必须大于或等于 8，请重输！""密码中必须包含一个以上字母，请重输！"，单击告警消息框中的"确定"按钮，将原密码输入框中的内容清空；若密码符合规则，告警信息显示"密码设置规范！"。要求通过表单和密码输入框的 name 属性获取元素。

（3）程序名称为 project_9_2.html。

实训 **10**

JavaScript高级应用

实训目标

（1）掌握 JavaScript 分支结构的语法，并学会使用分支结构编程。

（2）掌握 JavaScript 循环结构的语法，学会使用多种循环编写应用程序。

实训内容

（1）用分支结构实现简易代码编程。

（2）用循环结构实现简易代码编程。

（3）用两种多分支结构编写相关程序。

（4）用自定义函数实现相关程序功能。

（5）使用 DIV＋CSS 综合编程。

（6）系统常用函数的应用。

（7）使用表格与表单混合布局。

实训项目

（1）劳务报酬个人所得税计算器。

（2）区间内整数的阶乘累加器。

（3）统计英文字母出现的频次。

项目 29 劳务报酬个人所得税计算器

1．实训要求

劳务报酬个人所得税计算器根据输入的收入金额自动计算一次劳务所得应交纳的税额。

设计要求：

（1）使用图层、表格与表单混合布局。

（2）使用外部 JS 文件来完成自定义函数 computer（）的定义，并在函数中使用多分支 if…else if…else 结构来编程实现自动计算的功能。外部 JS 文件名为 incomeTax.js，存放在 pro91 子文件夹中。程序运行界面如图 10-1～图 10-6 所示。

图 10-1 "劳务报酬个人所得税计算器"页面

图 10-2 收入少于 800 元免税

图 10-3 收入不超过 4000 元的情形

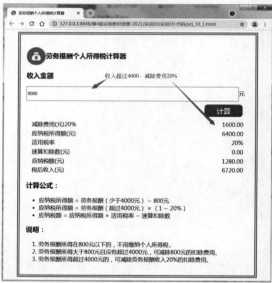

图 10-4 收入超过 4000 元的情形

2．实训内容

（1）设置图层的属性。

（2）使用两种多分支结构。

（3）使用 JavaScript 脚本编程。

（4）使用外部 JS 文件定义 computer()。

（5）引用外部 JS 文件，并在表单的相关控件上完成自定义函数的绑定。

图 10-5 应纳税所得额超过两万小于 5 万的情形

图 10-6 应纳税所得额超过 5 万的情形

3．实训所需知识点

（1）图层 div 标记。

```
< div id = "div0"></div >
```

（2）样式 style 标记。

```
< style type = "text/css">
    #div0 {
        width: 700px;height: 740px;margin: 0 auto;
        font - size: 18px;border: 8px double #009933;padding: 20px;
    }
    img {width: 60px;height: 60px;}
    input {height: 20px;}
    [type = "number"] {width: 660px;height: 40px;}
</style >
```

（3）脚本 script 标记。

```
< script type = "text/javascript" src = "pro91/incomeTax.js">…</script >
```

（4）表单标记。

```
< input type = "number" id = "lwbc" placeholder = "请输入劳务报酬" />元< br >
< input type = "button" value = "计算" onclick = "computer()" />
```

（5）表格标记。

```
< table border = "0" width = "96 %" height = "180px" align = "center">
    < tr >
        < td >减除费用(元)20 %</td >
```

```
      <td width = "200px" class = "td1"><label id = "jcfy"></label></td>
    </tr>
    ...
</table>
```

（6）其他标记。

```
<h3>计算公式：</h3>
<ul>
    <li>应纳税所得额 = 劳务报酬(少于 4000 元) - 800 元</li>
    <li>应纳税所得额 = 劳务报酬(超过 4000 元) × (1 - 20%)</li>
    <li>应纳税额 = 应纳税所得额 × 适用税率 - 速算扣除数</li>
  </ul>
  <ol>
    <li>劳务报酬所得在 800 元以下的,不用缴纳个人所得税。</li>
    <li>劳务报酬所得大于 800 元且没有超过 4000 元,可减除 800 元的扣除费用。</li>
    <li>劳务报酬所得超过 4000 元的,可减除劳务报酬收入 20% 的扣除费用。</li>
</ol>
```

4．程序结构

- 单分支结构：if（x>10）{alert("单分支结构");}
- 双分支结构：if（x>=10）{alert("x 大于或等于 10")}else {alert("x 小于 10");};
- 多分支结构：

```
if (x> = 90){alert();}
else if (x> = 80) {alert();}
else if (x> = 70) {alert();}
...
else {alert();}
```

5．JavaScript 自定义函数结构

自定义函数格式为 function 函数名（参数 1,参数 2,…,参数 n){函数体}。

```
function computer(){
   函数体;
   return 参数;
   //return;
}
```

6．业务要求

劳务报酬个人所得税是指个人收入调节税的征税对象之一。劳务报酬所得是个人独立从事设计、安装、制图、医疗、会计、法律、咨询、讲学、投稿、翻译、书画、雕刻、电影、戏剧、音乐、舞蹈、杂技、曲艺、体育、技术服务等项劳务的所得。这些所得如果是以工资、薪金形式从其工作单位领取的,则属于工资、薪金所得,不属于劳务报酬所得。劳务报酬个人所得税的计算公式和计算说明如下,适用税率如表 10-1 所示。

（1）劳务报酬个人所得税的计算公式。

应纳税所得额＝劳务报酬(少于 4000 元)－800 元。

应纳税所得额＝劳务报酬(超过 4000 元)×(1－20%)。

应纳税额＝应纳税所得额×适用税率－速算扣除数。

（2）计算说明。

- 劳务报酬所得在 800 元以下的，不用缴纳个人所得税。
- 劳务报酬所得大于 800 元且没有超过 4000 元，可减除 800 元的扣除费用。
- 劳务报酬所得超过 4000 元的，可减除劳务报酬收入 20％的扣除费用。

表 10-1　个人所得税预扣率表（居民个人劳务报酬所得预扣预缴适用）

级数	累计预扣预缴应纳税所得额	预扣率/%	速算扣除数
1	不超过 20 000 元的部分	20	0
2	超过 20 000 元小于 50 000 元的部分	30	2000
3	超过 50 000 元的部分	40	7000

7．编程要求

（1）采用 if（）{ } else if（）else{ }结构和脚本直接编程。要求利用图层、表格和表单混合布局完成页面设计，根据输入的收入金额自动计算一次劳务所得个人所得税，并将计算结果显示在表格中的 label 标记内。

（2）采用函数编程。要求编写独立的计算所得税各项具体数据的函数，将自定义函数放在外部 JS 文件 incomeTax. js 中，并在 head 标记中引用外部 JS 文件，在 body 标记中通过表单中普通按钮的 onclick 属性绑定 computer（）函数实现调用。

8．实训过程与指导

编程实现劳务报酬个人所得税计算器，从 HTML 文档创建、内容设计、样式定义、脚本编程到运行调试，完成程序设计任务。其具体步骤如下：

（1）文档结构的创建。

① 启动程序，创建 HTML 文档。启动编辑器软件，新建 HTML 网页，在首行插入注释语句，注明程序名称为 prj_10_1. html。格式如下：

```
<!-- prj_10_1.html -->
```

② 保存文件。输入文件名为 prj_10_1. html，然后保存文件。

（2）页面内容设计。

在 body 标记中插入 div、h3、img、ul、ol、li、table、form 及表单控件等标记，完成页面布局设计。

① 在 body 中插入一个 div 标记，并定义 id 为"div0"。

② 在 div 中分别插入以下标记。

a. 插入两个 h3 标记，内容分别为"劳务报酬个人所得税计算器""收入金额"。其中在第 1 个 h3 标记内插入一个 img，设置 src 属性值为"pro91/image91. jpg"、align 属性值为"center"。

b. 插入 form 标记，并在其中插入一个 number 类型的 input 标记，设置 id 为 lwbc、placeholder 为"请输入劳务报酬"。插入一个普通按钮，设置 value 为"计算"、onclick 为"computer（）"。

c. 插入一个 6 行 2 列的表格，设置表格边框为 0、宽度为 96％、高度为 180px、居中对齐。在表格中分别插入 6 行,第 1 个单元格内容分别为"减除费用(元)20％""应纳税所得额(元)""适用税率""速算扣除数(元)""应纳税额(元)""税后收入(元)"。第 2 列分别插入一个 label 标记,设置 label 标记的 id 分别为 jcfy、ynssde、sysl、sskcs、ynse、shsr。

　　d. 插入一个 h3 和一个 ul 标记。标题字 h3 标记的内容为"计算公式："。无序列表的内容如下：

- 应纳税所得额＝劳务报酬(少于 4000 元)－800 元
- 应纳税所得额＝劳务报酬(超过 4000 元)×(1－20％)
- 应纳税额＝应纳税所得额×适用税率－速算扣除数

　　e. 插入一个 h3 和 ol 标记。标题字 h3 标记的内容为"说明："。有序列表的内容如下：

- 劳务报酬所得在 800 元以下的,不用缴纳个人所得税。
- 劳务报酬所得大于 800 元且没有超过 4000 元,可减除 800 元的扣除费用。
- 劳务报酬所得超过 4000 元的,可减除劳务报酬收入 20％的扣除费用。

　　(3) 表现设计。

　　在 style 标记中定义 div、img、imput、td 和 input 等标记样式。具体样式定义要求如下：

　　① 定义 id 为 div0 的 div 标记样式。样式为宽度 700px、高度 740px、有边界(上下为 0、左右自动)、字体大小 18px、填充 20px,有边框(宽度 8px、双线、颜色♯009933)。

　　② 定义 img 标记样式。样式为宽度 60px、高度 60px。

　　③ 定义 input 样式。样式为高度 20px。

　　④ 定义[type＝"number"]属性值选择器样式。样式为宽度 660px、高度 40px。

　　⑤ 定义[type＝"button"]属性值选择器样式。样式为字体大小 22px、宽度 120px、高度 40px、背景颜色♯0077BB、颜色白色、向右浮动、圆角边框半径 10px、有边界(上下为 10px、左右 20px)。

　　⑥ 定义.td1 样式。样式为文本居中对齐。

　　(4) 行为设计。

　　定义外部 JS 文件,并引用。格式如下：

```
< script src = "pro91/incomeTax.js" type = "text/javascript"></script>
```

　　在 pro91/incomeTax.js 文件中需要定义两个函数,分别为 $(id)、computer()。

```
function $(id) {return document.getElementById(id);}        //通过 id 获取页面元素
function computer() {
    //1.获取 id 为 lwbc 的 number 类型的 input 输入框中输入的数据
    //2.通过 parseFloat()将该数据解析为浮点数
    //3.通过 if else if…else 结构来编程判断收入是否少于 800 元、800 元～4000 元、大于 4000 元并进行相应业务处理
    //4.再针对超过 4000 元的收入进行适用税率扣除。按表 10－1 所示的 3 种情形来处理,计算应纳税额和税后收入
    //5.将相关计算结果输出在页面上的 label 标记内。类似于如下语句：
    $("jcfy").innerHTML = jcfy.toFixed(2);                   //jcfy 表示减除费用
}
```

　　(5) 保存并查看网页。

　　完成代码设计后保存网页文件,通过浏览器查看效果。

项目 30　区间内整数的阶乘累加器

1．实训要求

（1）掌握 for、while、do…while、for in 等循环结构。

（2）能熟悉运行循环结构和数学函数、内部函数来解决实际工程问题。

（3）能熟悉运行域、域标题、表单和表单控件进行页面布局，设置普通按钮和重置按钮。

（4）能熟练使用 document.getElementById(id) 来获取表单控件。

（5）能熟练使用自定义函数完成相关程序的功能。

（6）运用外部 JS 文件来完成循环实现区间内整数的阶乘累加器，页面效果如图 10-7 和图 10-8 所示。

图 10-7　计算$\sum$N！的初始页面

图 10-8　计算$\sum$N！的结果页面

2．实训内容

（1）内部样式表的定义与应用。

（2）JavaScript 脚本的放置与运行方式。

（3）域、域标题、表单及表单控件的定义与应用。

（4）for 循环结构的编程应用。

（5）自定义函数的使用。

3．实训所需知识点

（1）域 fieldset 标记、域标题 legend 标记。

```
< fieldset >
  < legend >计算某一区间内整数的阶乘累加和</legend>
</fieldset >
```

（2）样式 style 标记。

```html
< style type = "text/css">
    fieldset {
        margin: 20px auto;width:500px;padding: 18px 50px;
        border: 2px solid #000000;text - align: center;
    }
    legend {font - weight: bold;}
    * {font - size: 18px;}
    label,input{margin: 5px auto;}
</style>
```

（3）表单及表单控件。

```html
< form action = "" method = "post">
    < input type = "number" id = "m" value = "5"/>
    < input type = "button" value = "计算阶乘累加和" onclick = "displaySum()"/>
    < input type = "reset" name = "" id = "" value = "清空" />
</form>
```

（4）脚本 script 标记。

```html
< script type = "text/javascript" src = "pro92/factorial.js"></script>
```

4．编程要求

（1）主程序为 prj_10_2.html。

（2）使用域、域标题标记，将页面信息进行分组，定义 fieldset、legend 标记样式。

（3）掌握 JavaScript 脚本的放置与运行方式，会使用多种方式进行编程；学会使用表单控件完成数据输入和操作按钮设置。

（4）使用 for、while、do…while 等循环结构解决实际问题，并进行比较，总结一下哪些循环结构可以互换，哪些不可以互换，不断积累编程经验。

（5）学会编写外部 JS 文件，并定义 3 个函数，完成特定的功能。在该项目中仅以 for 循环为例编程实现区间内整数的阶乘累加器，其他循环结构请参照编写。

5．JavaScript 脚本调用

（1）事件调用。

```html
< input type = "button" value = "计算阶乘累加和" onclick = "displaySum()"/>
```

（2）直接调用。

将脚本放置在 body 标记中直接执行。

```html
< script type = "text/javascript">
    / * 这是直接调用 JS * /
    document.write("这是直接调用 JS");
</script>
```

6．实训过程与指导

编程实现区间内整数的阶乘累加器，从 HTML 文档创建、内容设计、样式定义、脚本编程到运行调试，完成程序设计任务。其具体步骤如下：

（1）创建 prj_10_2.html 文档。

（2）在 HTML 文档的 head 标记中插入样式 style 标记。

（3）在 style 标记中分别定义域样式、域标题样式、* 和 label、input 标记的样式。

（4）在 head 标记中插入 script 标记，设置 src 属性的值为"pro92/factorial.js"，并编写独立的外部 factorial.js 文件。

（5）在 body 标记中插入表单、域、域标题标记。域的标题内容为"计算某一区间内整数的阶乘累加和"。

（6）按照图 10-7 所示的效果在域中分别插入 3 个 label 和 5 个 input 标记。label 标记的内容如图 10-7 所示。设置 3 个 number 类型的 input 标记，id 分别为 m、n、sum，value 值分别为 5、15、""。其中阶乘累加和文本输入框为只读。设置一个 button 类型的 input 标记，value 为"计算阶乘累加和"，onclick 为"displaySum()"。设置 reset 类型的 input 标记，value 为"清空"。

（7）编写外部 factorial.js 文件，定义 4 个函数，分别为 $(id)、factorial(n)、factorialSum(m, n)、displaySum()。

$(id)：通过 id 获取页面元素。

factorial(n)：计算整数 n 的阶乘。

factorialSum(m, n)：计算区间[m, n]内整数的阶乘累加和。

displaySum()：显示阶乘累加和，并回填到阶乘累加和文本框中。在此函数中需要通过 $(id)获取页面中 id 为 m、n 的两个 number 类型的 input 标记的 value 值，并使用 parseInt()函数解析为整数，同时判断 m 和 n 的大小关系，m<=n，否则需要进行交换。然后再调用 factorialSum(m, n)函数计算阶乘累加和。

外部 factorial.js 文件存储在 pro92 子文件夹中，代码如下：

```
// pro92/factorial.js
// 1.定义计算某个整数阶乘的函数
function $(id) {return document.getElementById(id)}
function factorial(n) {
  var result = 1,i = 1;
  while (i <= n) {
    result = result * i;
    i++;
  }
  return result;
}
// 2.定义计算某一区间[m,n]内整数的阶乘累加和
function factorialSum(m, n) {
  for (var i = m, sum = 0; i <= n; i++) {
    sum = sum + factorial(i);
  }
  return sum
}
//3.获取输入的区间起始整数和终止整数,并计算累加和,回填到文本框中
function displaySum() {
  var m = parseInt( $("m").value);
  var n = parseInt( $("n").value);
  //处理 m、n 的大小关系,m<=n
  var min = Math.min(m, n);
```

```
    var max = Math.max(m, n);
    //互换位置
    $("sum").value = factorialSum(min, max);
    $("m").value = min;
    $("n").value = max;
}
```

项目31 统计英文字母出现的频次

1．实训要求

（1）掌握常用的字符型对象的方法。

（2）掌握自定义函数的基本语法，学会自定义函数。

（3）学会使用表单及表单控件来进行页面设计。

（4）掌握数组的定义方法，学会使用循环结构给数组赋值。

2．实训内容

（1）内部样式表的定义与应用。

（2）脚本的放置与编程。

（3）JavaScript 自定义函数的使用。

（4）表单及表单控件的定义与使用。

3．实训所需知识点

（1）样式 style 标记。

```
<style type = "text/css">
  #div0 {
      margin: 0 auto;padding: 0px 20px;width: 460px;height: 300px;
      border: 1px solid #8899AA;text-align: center;
  }
  [type = "text"] {width: 350px;height: 20px;}
  input{margin: 5px 5px;}
</style>
```

（2）脚本 script 标记。

```
<script type = "text/javascript">
function $(id) {return document.getElementById(id)}
function sumChars() {
  //统计英文字母出现的频次
}
</script>
```

（3）常用标记。

```
<div id = "div0">
    <h3>统计英文字母出现的频次</h3>
    <form action = "" method = "post">
        <label>输入字符串：</label>
```

```
< input type = "button" value = "统计字母出现的频次" onclick = "sumChars()" />
    < input type = "reset" name = "" id = "" value = "清空" />
  </form >
</div >
```

（4）文本域 textarea 标记。

```
< textarea id = "result" rows = "4" cols = "40" readonly ></textarea >
```

4．页面设计及编程要求

（1）主程序为 prj_10_3.html，页面效果如图 10-9 所示。

图 10-9 "统计英文字母出现的频次"页面

（2）使用表单和表单控件进行页面布局，然后在单行文本输入框中输入字符串数据，单击"统计字母出现的频次"按钮能够将英文字母出现的频次数据统计在文本域中，单击"清空"按钮可以将表单中的相关内容清空。将 script 标记放置在 head 标记中，并在其中定义 $(id)、sumChars() 函数实现通过 id 获取页面元素和根据输入的字符串统计出字母出现的频次等功能。

5．实训过程与指导

编程实现"统计英文字母出现的频次"的小程序，从 HTML 文档创建、内容设计、样式定义、脚本编程到运行调试，完成程序设计任务。其具体步骤如下：

（1）建立 prj_10_3.html 文档。

（2）在 HTML 文档的 head 标记中插入样式 style 标记。

（3）在 style 标记中分别定义 div、input 等标记的样式。样式的具体定义如下：

- 定义 id 为 div0 的 div 标记样式。样式为有边界（上下 0、左右自动）、有填充（上下 0、左右 20px）、有边框（1px、实线、颜色♯8899AA）、宽度 460px、高度 300px、文本居中对齐。
- 定义 input 标记样式。样式为边界 5px。
- 定义 [type = "text"] 的样式。样式为宽度 350px、高度 20px。

（4）在 head 标记中插入 script 标记。在其中定义两个函数，分别为 $(id)、sumChars()。在 sumChars() 函数中定义过程，建议使用数组和字符型对象的方法（例如 toLowerCase()、 charAt( )、indexOf( )等)进行编程。

（5）在 body 标记中插入图层、标题字、表单和表单控件等标记，完成页面布局设计。

课外拓展训练 10

1. 编写 JavaScript 代码，找出符合条件的数，如图 10-10 所示。

（1）页面标题为"找出符合条件的数"。

（2）页面内容为以 3 号标题标记显示"找出 100～2000 能够被 11 和 13 同时整除的整数的个数及累加和"，要求输出区间内累计有多少个符合条件的整数，并计算符合条件的整数的累加和，同时输出符合条件的整数，输出格式为每行 10 个整数。

（3）程序名称为 project_10_1.html。

图 10-10　找出符合条件的数

2. 编写 JavaScript 程序实现倒置九九乘法口诀表，如图 10-11 所示。要求如下：

（1）页面标题为"倒置九九乘法口诀表"。

（2）页面内容为以 3 号标题字显示"倒置九九乘法口诀表（偶数行添加背景）"，背景颜色为 ♯F1F2F3，使用 label 标记包裹输出的内容；使用 for 循环实现倒置九九乘法口诀表。

（3）程序名称为 project_10_2.html。

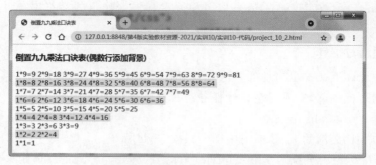

图 10-11　倒置九九乘法口诀表

实训 **11**

JavaScript事件分析

实训目标

（1）掌握事件、事件源、事件句柄、事件处理程序的概念，理解它们之间的关系。

（2）学会指定事件处理程序的方法。

（3）学会编写简单的事件处理程序。

实训内容

（1）表格与表单混合布局。

（2）外部 JavaScript 程序的编写与引用。

（3）HTML 文档对象的获取及对象属性的设置。

（4）鼠标单击、双击事件，移出、移动、悬停等事件处理程序的编写。

（5）表单控件输入内容的提取与有效性检查。

（6）自定义函数的编写。

（7）样式表的定义与应用。

实训项目

（1）设计校园办公系统认证页面。

（2）鼠标动作捕获与响应。

项目32 设计校园办公系统认证页面

1．实训要求

设计一个校园办公系统认证页面，在用户输入相关数据后能够逐项进行数据的合法性检查，当发现错误时能够在输入项右边的 label 标记内用红色加粗方式显示错误信息，页面效果如图 11-1 所示。

在校园办公系统身份认证过程中需要对校园卡号、口令、二次口令、QQ/微信号进行有效性检查，具体要求如下。

（1）校园卡号：首字母不为 0、长度必须是 10 个字符、全为数字。

（2）口令、二次口令：两次口令必须相同、长度大于或等于 8 个且小于或等于 15 个字

图 11-1　校园办公系统认证页面

符、不能为空。

（3）QQ/微信：不能为空。

2．实训内容

（1）图层的创建与属性的设置。

（2）分支结构在程序中的运用。

（3）JavaScript 自定义函数的编写。

（4）JavaScript 变量的声明与赋值。

（5）HTML 文档对象的获取与对象属性的设置。

（6）事件处理程序的绑定。

（7）表格与表单混合布局。

3．实训所需知识点

（1）图层 div 标记。

```
< div id = "" > </div >
```

（2）样式 style 标记。

```
< style type = "text/css">
    div{margin:0 auto; background: #F1F2F3 url("pro111/bg_id.jpg");} /*定义图层样式*/
    #td1{text - align:right; font - size:20px; color:#6600FF;}        /*定义单元格*/
    label{color:red; font - weight:bold;}                            /*定义标签样式*/
</style >
```

（3）脚本 script 标记。

```
< script type = "text/javascript" src = ""></script >
```

（4）表单 form 标记。

```
< form name = "myform" method = "post" action = "" onsubmit = "">
    < input type = "submit" value = "提交">
    < input type = "reset" value = "重置">
</form >
```

（5）表格 table 标记。

```
<table>
 <caption>表单验证</caption>
 <tr>
   <td> </td><td> </td><td> </td>
 </tr>
</table>
```

4．JavaScript 自定义函数

```
function $(id){return document.getElementById(id);}     //通过 id 获取页面元素
function checkcardno(){                           }     //检查卡号的有效性
function checkkey(){                              }     //检查口令的有效性
function checkkey2(){                             }     //检查二次口令的有效性
function checkqqwx(){                             }     //检查 QQ/微信的有效性
```

5．事件处理句柄与事件处理程序的绑定

```
< input type = "text" name = "username" onblur = "checkcardno();">
< input type = "password" name = "password" onblur = "checkkey();">
< input type = "password" name = "confirmpassword" onblur = "checkkey2();">
< input type = "text" name = "mail" onblur = "checkqqwx();">
```

onblur 是失去焦点事件句柄,给 onblur 句柄指定事件处理程序。

6．实训过程与指导

编程实现校园办公系统认证页面,具体步骤如下:

（1）文档结构的创建。

① 启动程序,创建 HTML 文档。启动编辑器软件,新建 HTML 网页,在首行插入注释语句,注明程序名称为 prj_11_1.html。格式如下:

```
<! -- prj_11_1.html -->
```

② 保存文件。输入文件名为 prj_11_1.html,然后保存文件。

（2）页面内容设计。

在 body 标记中插入 div、form、table 标记,在表格中插入若干表单控件,完成相关标记属性的设置。

① 在 body 中插入一个 div,用于插入表单和表格。

② 在 div 中插入一个 form 标记,设置表单的 name 属性为 myform,其余采用默认设置。

③ 在 form 中插入一个 5 行 4 列的表格。

a. 在表格的第 1 行第 1 列跨 5 行合并,插入图像文件 pro111/sfyz_2.jpg。

b. 在第 2 列插入相关提示信息,分别为校园卡号、口令、二次口令、QQ/微信,并定义单元格的 id 属性为 td1。

c. 定义第 3 列单元格的 id 属性为 td2,并在其中依次插入单行文本输入框、两个密码输入框、单行文本输入框,设置它们的 name 属性分别为 cardno、key、key2、qqwx,并给 onblur

属性分别绑定事件处理程序为 checkcardno()、checkkey()、checkkey2()、checkqqwx()。

d. 在第 4 列单元格中插入 4 个空 label 标记，分别定义 id 属性为 err_cardno、err_key、err_key2、err_qqwx。

e. 第 5 行跨 3 列合并为一个单元格，并在其中插入提交和重置按钮，设置它们的 value 属性分别为"提交"和"重置"。

④ 设计完成后保存网页，查看页面效果，如图 11-2 所示。

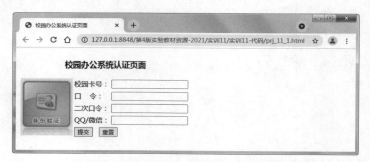

图 11-2 校园办公系统认证页面的初始布局

（3）表现设计。

在 style 标记中定义图层 div 和 form 标记的样式，具体样式定义要求如下：

① 定义 div 标记样式。样式为有边界（上下 0px、左右自动）、有填充（上 30px、左右 40px、下 30px）、背景颜色 #F1F2F3、背景图像 pro111/bg_id.jpg。

② 定义 table 样式。table 样式为边框 2px、双线型、边颜色 #0000CC、文本居中对齐、有边界（上下 0px、左右自动）。

③ 定义单元格样式。#td1 样式为文本居右对齐、字体大小 20px、颜色 #6600FF。

④ 定义单元格样式。#td2 样式为文本居左对齐。

⑤ 定义标签标记样式。label 样式为颜色红色、字体标粗。

⑥ 定义 h3 标记样式。h3 标记样式为背景颜色 #0033FF、宽度 500px、高度 40px、上下填充 8px、左右填充自动、字体大小 28px、文本居中显示、字体隶书、颜色白色。

```
div{margin:0 auto;padding:30px 40px 50px;background: #00FF99 url("pro111/bg_id.jpg");}
table{border:2px double #0000FF;text-align:center;margin:0 auto;}
#td1{text-align:right;font-size:20px;color:#6600FF;}
#td2{text-align:left;}
label{color:red;font-weight:bold;}
h3{background: #0033FF; width:500px; height:40px; padding:8px auto; font-size:28px; text-align:center;font-family:隶书;color:#FFFFFF;}
input{height:24px;}
```

（4）定义 JavaScript 函数。

在 head 标记中插入 script 标记，在 script 标记中分别定义获取 HTML 页面上对象的函数 $(id)、检查卡号有效性的函数 checkcardno()、检查口令有效性的函数 checkkey()、检查二次口令有效性的函数 checkkey2()、检查 QQ/微信有效性的函数 checkqqwx()等。

分别对卡号、口令、二次口令、QQ/微信的有效性进行检查，检查规则如实训要求，所有文本框在失去焦点时触发事件，并执行事件处理程序，对相关数据进行有效性检查，将错误信息通过文本框右边的标签和告警消息框显示。

使用标签 label 标记显示错误信息方法。通过 Document 的 getElementById("id")方法获取指定 id 的元素,然后利用元素的 innerHTML 属性设置或返回指定标记的内容,其中 HTML DOM innerHTML 属性表示设置或返回从开始标记到结束标记的所有 HTML 内容。没有错误就不显示任何信息,有错误就显示出来。其实现代码如下:

```
function $(id){return document.getElementById(id)}   //在调用时参数需要加引号
$("err_cardno").innerHTML = "";              //文本框获得焦点时清空原来 label 标记间的错误信息
$("err_cardno").innerHTML = "用户名不能空!";      //有错误时直接在标签内显示错误信息
```

① 获取 HTML 页面上的对象使用 $(id)函数。

```
function $(id){return document.getElementById(id) ;}      //调用时参数需要加引号
```

② 检查卡号有效性使用 checkcardno()函数,检查出错信息如图 11-3 所示。

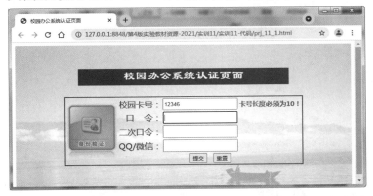

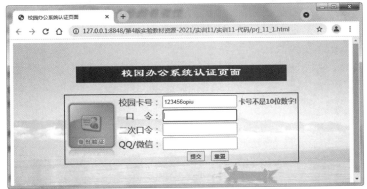

图 11-3　卡号有效性检查页面

```
function checkcardno(){                        //检查卡号的有效性
var cno = myform.cardno.value;
$("err_cardno").innerHTML = "卡号不能为空或以非数字开始的字符串!";
if (cno == "" || isNaN(parseInt(cno)) ){   //为空或输入非数字时
    $("err_cardno").innerHTML = "卡号不能为空!";
}else if(cno.length!= 10){
    $("err_cardno").innerHTML = "卡号长度必须为 10!";
}else{
    var firstnum = cno.charAt(0);
    if (firstnum == "0")                  //首字母不能为 0
```

```
        { $("err_cardno").innerHTML = "卡号首字母必须不为 0!";
        }else if (parseInt(cno).toString().length!= 10)
     $("err_cardno").innerHTML = "卡号不全为数字!";
         alert("卡号不全为数字!");
    }
   }
  }
```

③ 检查口令有效性使用 checkkey() 函数，检查出错信息如图 11-4 所示。

```
function checkkey(){                              //不能为空
     var key1 = myform.key.value;                 //存放口令
    $("err_key").innerHTML = "";
    if (key1 == "")                              //口令为空
    {                                            //直接在输入框右边显示错误信息
       $("err_key").innerHTML = "口令不能为空!";
    }else{
       if (key1.length < 8 || key1.length > 15)   //检查口令长度
       {
          $("err_key").innerHTML = "口令长度不能小于 8 或大于 15!";}
       }
    }
```

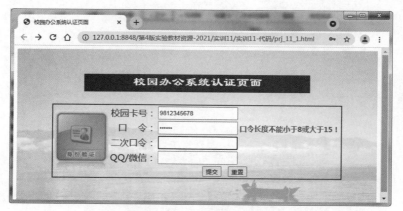

图 11-4　口令有效性检查页面

④ 检查确认密码有效性使用 checkkey2() 函数，检查出错信息如图 11-5 所示。

```
function checkkey2(){
    var key21 = myform.key2.value;
    var key11 = myform.key.value;                 //存放口令
    $("err_key2").innerHTML = "";
    if (key21 == "")                              //口令为空
    {  //直接在输入框右边显示错误信息
       $("err_key2").innerHTML = "口令不能为空!";
    }else if (key21.length < 8 || key21.length > 15) //检查口令长度
    {
       $("err_key2").innerHTML = "口令长度不能小于 8 或大于 15!";
    }else if (key21!= key11)
    {  $("err_key2").innerHTML = "口令与二次口令不相同!"; }
}
```

图 11-5　二次口令有效性检查页面

⑤ 检查 QQ/微信有效性使用 checkqqwx() 函数,检查出错信息如图 11-6 所示。

```
function checkqqwx(){
  var qqwx1 = myform.qqwx.value;                    //存放 QQ/微信
  $("err_qqwx").innerHTML = "";
  if (qqwx1 == "")
  { $("err_qqwx").innerHTML = " QQ/微信号不能为空!"; }
}
```

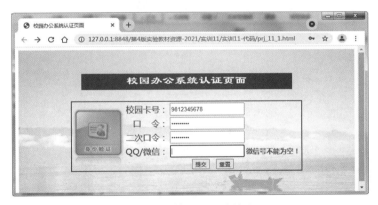

图 11-6　QQ/微信有效性检查页面

(5) 保存并查看网页。

完成代码设计后保存网页文件,通过浏览器查看检查的效果。

项目 33　鼠标动作捕获与响应

1．实训要求

(1) 理解鼠标事件类型、事件句柄、事件处理程序的关系。

(2) 学会运用 JavaScript 脚本编写自定义函数实现相关功能。

(3) 通过事件处理程序改变图层的背景颜色和动态切换 img 标记中的图像,页面效果
如图 11-7～图 11-10 所示。

图 11-7　初始与鼠标移出后的页面

图 11-8　鼠标盘旋时的页面

图 11-9　鼠标单击后的页面

图 11-10　鼠标双击后的页面

2．实训内容

（1）内部样式表的定义与应用。

（2）JavaScript 脚本的放置与运行方式。

（3）事件句柄和事件处理程序绑定的方式。

（4）表单与表单控件的应用。

（5）页面对象的获取与属性的设置。

3．实训所需知识点

（1）表单 form 标记。

```
< form name = "form1" method = "post" action = "">
    < input type = "text" name = "" id = "mtext">
</form >
```

（2）样式 style 标记。

```
< style type = "text/css">
    form{text - align:center;}
    div{background: #33FF99; width:400px; height:200px; margin:0 auto;}
</style >
```

（3）脚本 script 标记。

```
< script type = "text/javascript">
    function mover() {
        document.getElementById("mybody").style.background = "#99CC66;};
</script >
```

（4）标题字 h3 标记。

```
< h3 align = "center">鼠标动作捕获与响应</h3 >
```

（5）水平分隔线 hr 标记。

```
< hr color = "red" size = "1">
```

4．实训过程与指导

编程实现"鼠标动作捕获与响应"页面,具体步骤如下:

（1）文档结构的创建。

① 启动程序,创建 HTML 文档。启动编辑器软件,新建 HTML 网页,在首行插入注释语句,注明程序名称为 prj_11_2.html,格式如下:

```
<!-- prj_11_2.html -->
```

② 保存文件。输入文件名为 prj_11_2.html,然后保存文件。

（2）页面内容设计。

在 body 标记中插入 div、form、input、h3、hr 等标记,完成页面布局设计。

① 在 body 中插入一个 div,设置 id 属性为 mybody,分别给 onMouseOver、onMouseOut、 onClick、onMouseDown、onDblClick 等事件句柄绑定 mover()、mout()、mclick()、mdown()、mdclick()等事件处理程序。图层事件句柄与事件处理程序绑定的方法如下：

```
< div id = "mybody" onMouseOver = "mover();" onMouseOut = "mout();" onMouseDown = "mdown();"
onClick = "mclick();" onDblClick = "mdclick();" >
```

② 在 div 中插入 h3 标记，内容为"鼠标动作捕获与响应"，设置对齐属性为居中。

③ 在 div 中插入 hr 标记，设置颜色为白色、大小为 1px。

④ 在 div 中插入 form 标记，设置 name 属性为 form1，其他采用默认设置。

⑤ 在 form 标记中插入单行文本输入框，设置 id 为 mtext，用于放置鼠标状态信息。

⑥ 在 div 中插入 img 标记，设置 src 为 pro112/image21.jpg、id 为 image、宽度为 200px、高度为 100px、title 为图区，用于动态刷新图像，记录不同状态。

（3）表现设计。

在 style 标记中分别定义图层、表单及 h3 标记样式，样式定义如下：

① 定义 form 标记样式。form 样式为文本居中对齐。

② 定义 div 标记样式。div 样式为宽度 400px，高度 200px，边界上下 30px，左右自动，背景颜色♯00CC99。

③ 定义 h3 标记样式。h3 样式为顶部填充 10px。

（4）定义 JavaScript 函数。

在 head 标记中插入 script 标记，并在 script 标记中分别定义 $(id)、mover()、mout()、mclick()、mdown()、mdclick()等函数。

① 获取页面对象函数 $(id)，代码如下：

```
function $(id){return document.getElementById(id);}
```

② 鼠标盘旋函数 mover()，代码如下：

```
function mover(){                              //鼠标盘旋事件处理程序
    $("mybody").style.background = "♯99CC66";
    $("image").src = "pro112/image22.jpg";      //切换图像
}
```

③ 鼠标移出函数 mout()，代码如下：

```
function mout(){                              //鼠标移出事件处理程序,恢复初始状态
    $("mybody").style.background = "♯00CC99";
    $("image").src = "pro112/image21.jpg";      //切换图像
}
```

④ 鼠标按下函数 mdown()，代码如下：

```
function mdown() {form1.mtext.value = "按下鼠标";}
```

⑤ 鼠标单击函数 mclick()，代码如下：

```
function mclick() {                           //鼠标单击事件处理程序
    form1.mtext.value = "单击鼠标";
    $("mybody").style.background = "♯00CCAA";
```

```
    $("image").src = "pro112/image23.jpg";                    //切换图像
    }
```

⑥ 鼠标双击函数 mdclick(),代码如下：

```
function mdclick(){                              //鼠标双击事件处理程序
    form1.mtext.value = "双击鼠标";
    $("image").src = "pro112/image24.jpg";   //切换图像
    $("mybody").style.background = "#AACCFF";
}
</script>
```

(5) 保存并查看网页。

完成代码设计后再次保存网页文件,通过浏览器查看页面,分别进行鼠标操作,查看图层背景颜色和图层中 img 标记内的图像动态切换的效果。

课外拓展训练 11

1. 编写 JavaScript 程序实现显示用户账号和密码,如图 11-11 所示。要求如下：

(1) 页面标题为"用户注册",按图 11-11 所示的效果完成页面设计。

图 11-11　在用户注册页面中输入账号后失去焦点时的效果

(2) 定义表单、账号文本框、密码框的 name 属性,供编程时调用。

(3) 编写 displayName()、displayAll()函数,分别实现失去焦点时通过告警框提示用户名、一次性输出用户名、密码和用户类型,如图 11-12 所示。

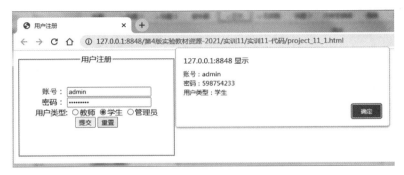

图 11-12　提交后显示用户的所有信息

（4）程序名称为 project_11_1.html。

2．编写 JavaScript 程序实现学号的合法性检查，如图 11-13～图 11-15 所示。要求如下：

（1）以 3 号标题字标记显示"检查学号的合法性"。

（2）编写 checkNo()函数，实现学号的合法性检查。学号必须为 10 位且完全是数字；如果不符合检查规则，分别提示错误信息"学号长度不足 10 位，请重输入！""学号必须为数字字符，请重输入！""学号输入正确！"。

（3）程序名称为 project_11_2.html。

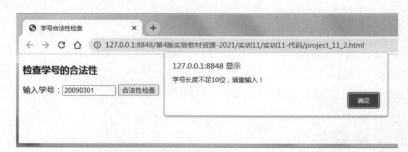

图 11-13　学号合法性检查——不足 10 位数字

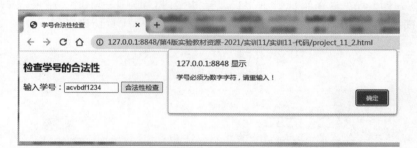

图 11-14　学号合法性检查——10 位非全数字

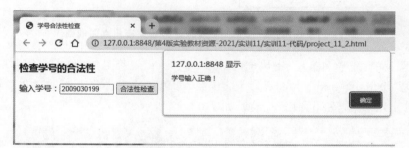

图 11-15　学号合法性检查——10 位全数字

实训 **12**

DOM与BOM应用案例

实训目标

（1）理解 DOM 树形结构和节点的概念，学会使用 DOM 进行简单交互式编程。

（2）了解 BOM 结构图，学会使用 Window 对象进行简单交互式编程。

（3）理解 JavaScript 的对象类型，掌握 Array、String、Date、Number、Math 等对象的常用属性和方法。

实训内容

（1）使用循环结构实现机选多注福利彩票。

（2）使用 JavaScript 常用内部对象的属性和方法进行编程。

（3）使用 DOM 创建对象的方法新建 HTML 页面元素，并获取或设置页面元素的属性。

（4）使用 DOM 删除对象的方法删除 HTML 页面元素。

（5）使用表单中的列表框实现简易列表编程。

（6）使用表格进行简易页面布局。

（7）使用 CSS 样式表对页面元素进行样式定义。

实训项目

（1）体彩大乐透投注程序。

（2）简易图书选购程序。

（3）简易轮播图设计。

（4）列表框图像浏览器。

项目 34　体彩大乐透投注程序

1．实训要求

设计一个"体彩大乐透投注程序"，页面如图 12-1～图 12-5 所示。

设计要求：

（1）"前区机选"按钮。单击此按钮，在上面的对应文本框中产生 5 个 01～35 的随机不

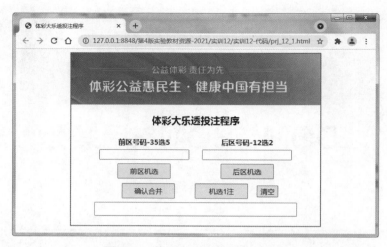

图 12-1　体彩大乐透投注程序页面

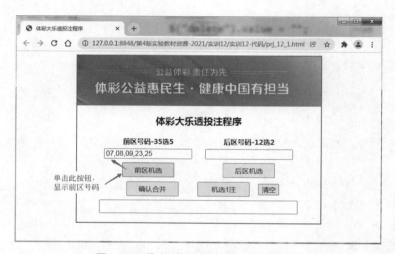

图 12-2　单击"前区机选"按钮时的页面

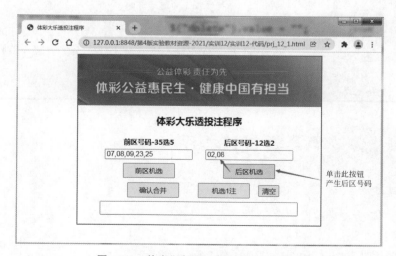

图 12-3　单击"后区机选"按钮时的页面

重复的整数(从小到大排序),构成大乐透的前区号码,如图 12-2 所示,同时需要将最下面的投注信息清除。

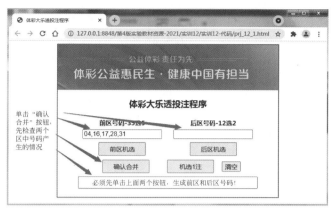

图 12-4　单击"确认合并"按钮时的页面

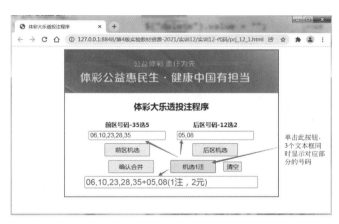

图 12-5　单击"机选 1 注"按钮时的页面

　　(2)"后区机选"按钮。单击此按钮,在上面的对应文本框中产生两个 01～12 的随机不重复的整数(从小到大排序),构成大乐透的后区号码,如图 12-3 所示,同时需要将最下面的投注信息清除。

　　(3)"确认合并"按钮。单击此按钮,分别检查前区和后区号码是否已经产生,如果没有同时产生,则提示出错信息显示在最下面的投注信息文本框中,内容为"必须先单击上面两个按钮,生成前区和后区号码!",如图 12-4 所示。

　　(4)"机选 1 注"按钮。单击此按钮,同时在前区和后区的对应文本框中产生 5 个 01～35 的随机不重复的整数(从小到大排序)和两个 01～12 的随机不重复的整数(从小到大排序),并在最下面的投注文本框中显示投注信息,格式为"20,21,22,24,28+01,09(1 注,2 元)",如图 12-5 所示。

　　(5)"清空"按钮。单击此按钮,清空表单在所有文本框中的内容。

　　(6)学会使用 ECMAScript 内建对象 Math 的 random()、floor()等方法来实现随机产生任一范围内的随机整数。

　　(7)学会使用 ECMAScript 本地对象 Array 数组的 splice()、length 等方法与属性。

（8）学会给 HTML 标记指定事件处理程序。

（9）学会使用图层与表格、表单等布局技术进行简易 Web 应用程序设计。

2．实训内容

（1）JavaScript 对象的属性和方法的实际应用。

（2）多种事件指定方式的使用。

（3）图层的创建与属性设置。

（4）选择结构与循环结构的运用。

（5）JavaScript 自定义函数的定义与应用。

（6）数组的定义、初始化与方法的应用。

（7）Math 对象的方法的应用。

（8）DOM 节点的访问。

3．实训所需知识点

（1）图层 div 标记。

```
< div id = ""></div >
```

（2）样式 style 标记。

```
< style type = "text/css">
    div {width: 563px;height: 400px;
        margin: 0px auto;border: 2px solid ♯FF3300;}
    h2 {font - size: 22px;text - align: center;}
    td {font - weight: bold;font - size: 16px;text - align: center;}
    input {font - size: 16px;}
</style >
```

（3）脚本 script 标记。

```
< script type = "text/javascript" src = " * .js"></script >
```

（4）表单 form 标记。

```
< form name = "myform" method = "post" action = "" onsubmit = "">
   < input type = "button" value = "前区机选" onclick = "frontSel35to5()" />
</form >
```

（5）表格 table 标记。

```
< table align = "center" width = "250px" cellspacing = "5px">
   < caption >< h2 >体彩大乐透投注程序</h2 ></caption >
   < tr >
     < td >
       < input type = "button" value = "后区机选" onclick = "endtSel12to2()" />
     </td >
     …
   </tr >
</table >
```

4．定义 JavaScript 函数

```
function $(id){return document.getElementById(id);}
//前区号码:实现从 01~35 的整数中随机选 5 个不重复的整数
function frontSel35to5() {
    //定义数组并初始化
    var number35 = new Array(35);          //号码候选整数数组
    for (var i = 0; i < 35; i++) {
        number35[i] = (101 + i).toString().substr(1, 2);
    }
    //随机产生,从 35 个整数中随机选 5 个不重复的整数
    var number5 = new Array(5);            //存放随机产生的 5 个整数
    for (var i = 0; i < 5; i++) {
        var index = Math.floor(Math.random() * number35.length);
        number5[i] = number35[index];
        number35.splice(index,1);          //删除已选元素
        // console.log(number35);
    }
    console.log(number5)
    $("number1").value = number5.sort().toString();
    $("dalete").value = "";
    return number5.sort().toString();
}
//后区号码:实现从 01~12 的整数中随机选两个不重复的整数
function endtSel12to2() {}
//将前区号码和后区号码连接起来形成一注号码
function joinNumber() {}
//合成大乐透号码,并显示在 div 中
function createNumber() {}
```

5．实训过程与指导

编程实现"体彩大乐透投注程序"页面。其具体步骤如下:

（1）文档结构的创建。

① 启动程序,创建 HTML 文档。启动编辑器软件,新建 HTML 网页,在首行插入注释语句,注明程序名称为 prj_12_1.html。格式如下:

```
<!-- prj_12_1.html -->
```

② 保存文件。输入文件名为 prj_12_1.html,然后保存文件。

（2）页面内容设计。

在 body 标记中插入图层、表单、表格、表单控件等标记,完成页面布局设计。

① 在 body 中插入一个 div。

② 在 div 中插入 img 标记,设置 src 属性为 pro121/tycp.jpg,宽度和高度采用默认。

③ 在 div 中插入 form 标记,并在其中插入 5 行 2 列的表格,设置表格对齐属性为居中对齐,设置表格标题为"< h2 >体彩大乐透投注程序</h2 >"。

④ 按图 12-1 所示的效果在表格中分别插入相关内容和表单控件。

a．插入 3 个只读单行文本输入框,用于输出前区号码、后区号码、合成号码。

b．插入 4 个普通按钮和一个重置按钮,设置 4 个普通按钮的 onclick 属性值分别为"frontSel35to5()""endtSel12to2()""joinNumber()""createNumber()"。

（3）表现设计。

在 style 标记中定义图层 div、td、input、h2 等标记的样式。具体样式定义要求如下：

① 定义 div 标记样式。样式为有边界（上下 0、左右自动）、背景颜色♯00FF99、宽度563px、高度 400px、有边框（2px、实线、颜色♯FF3300）。

② 定义 h2 标记样式。样式为字体大小 22px、文本水平居中对齐。

③ 定义 td 标记样式。样式为字体大小 16px、字体标粗、文本水平居中对齐。

④ 定义 input 标记样式。样式为字体大小 16px。

⑤ 定义［type＝'button'］普通按钮样式。样式为有边界（上下 2px、左右 20px）、宽度120px、填充 5px。

⑥ 定义 id 为"dalete"的 input 标记样式。样式为宽度 450px、颜色红色、字体大小 22px。

（4）保存并查看网页。

完成代码设计后保存网页文件，通过浏览器查看页面，单击相应按钮实现彩票号码产生与清空的功能。

项目35 简易图书选购程序

1. 实训要求

编程实现"简易图书选购程序"，页面布局效果如图 12-6 所示。

图 12-6 简易图书选购程序的初始页面

设计要求：

（1）采用图层、表单和表格混合布局完成页面设计。

（2）"新增图书"按钮的功能（addBook()）。用户输入完图书名称和图书定价后，单击"新增图书"按钮，进行合法性检查，若结果合法则将图书信息添加到下面的"图书备选区"列表框中，如图 12-7 所示。"重置"按钮的功能是清空"输入图书信息"域中单选文本输入框中的内容。

图 12-7　新增图书时的页面

（3）"单一选购"按钮的功能（doOne()）。从左边列表框中选择一个选项，单击"单一选购"按钮，将自动添加到右边的"图书采购区"列表框中，如图 12-8 所示。

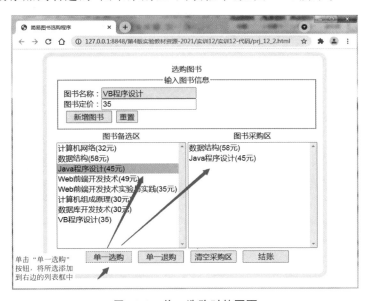

图 12-8　单一选购时的页面

（4）"单一退购"按钮的功能（undoOne()）。从右边的"图书采购区"列表框中选择一个选项后，单击"单一退购"按钮，将从该列表框中删除该选项，如图 12-9 所示。

（5）"清空采购区"按钮的功能（clearNone()）。单击"清空采购区"按钮，将所有选购图书信息从右边的列表框中全部删除。

（6）"结账"按钮的功能（checkOut()）。单击"结账"按钮后，将右边列表框中所选购图书的价格进行汇总，然后将结果输出到 id 为"note"的 div 中，如图 12-10 所示。

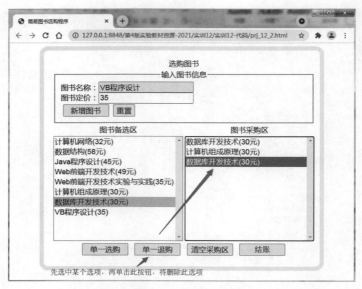

图 12-9　单一退购时的页面

图 12-10　结账时的页面

2．实训内容

（1）内部样式表的定义与应用。

（2）JavaScript 自定义函数编程。

（3）事件句柄和事件处理程序的绑定。

（4）DOM 节点操作方法的应用。

（5）图层、表格与表单混合布局的应用。

3．实训所需知识点

（1）表单 form 标记、域和域标题标记。

```
< form name = "myform" method = "post" action = "" onsubmit = "">
  < fieldset >
    < legend align = "center">输入图书信息</legend>
    < label>图书名称: </label>< input type = "text" id = "name" required>< br />
    < label>图书定价: </label>< input type = "text" id = "money" required>< br />
    < input type = "button" id = "butadd" value = "新增图书" onclick = "addBook();">
    < input type = "reset" value = "重置">
  </fieldset>
</form>
```

（2）样式 style 标记。

```
< style type = "text/css">
  #bookshop {
      border: 10px solid #F1F2F3;margin: 0 auto;
      padding: 20px;border - radius: 20px;width: 620px;}
    [type = "button"] {margin: 2px 5px;width: 110px;}
    …
</style>
```

（3）脚本 script 标记。

```
< script type = "text/javascript"src = "">…</script>
```

（4）图层 div 标记。

```
< div id = "note"></div>
```

（5）表格 table 标记。

```
< table >
  < caption>选购图书</caption>
  < tr >
    < td colspan = "2">
      < select name = "" id = "userlist" size = "10"></select>
    </td>
  </tr>
</table>
```

（6）列表框 select 标记。

```
< select name = "number8" id = "number8" size = "5">
  < option value = "32" selected>计算机网络(32元)</option>
  < option value = "58">数据结构(58元)</option>
</select>
```

（7）HTML DOM Select 对象的属性与方法。

Select 对象代表 HTML 表单中的一个下拉列表。在 HTML 表单中,< select ></ select > 标记每出现一次,一个 Select 对象就会被创建。用户可通过遍历表单的 elements[]数组来 访问某个 Select 对象,或者使用 document. getElementById()。

① Select 对象的集合。

options[] 返回包含下拉列表中所有选项的一个数组。

② Select 对象的属性。

id：设置或返回下拉列表的 id。

length：返回下拉列表中的选项数目。

selectedIndex：设置或返回下拉列表中被选项目的索引号。

size：设置或返回下拉列表中的可见行数。

③ Select 对象的方法。

- selectObject.add(option,before)：向下拉列表中添加一个选项。

- selectObject.remove(index)：从下拉列表中删除一个选项。

```
//删除某一选项的方法
function removeOption(){
    var x = document.getElementById("mySelect");    //获取列表框
    x.remove(x.selectedIndex);                      //删除某一选项
}
```

（8）常用的 DOM 操作方法。

```
document.createElement();        //创建元素
document.createTextNode();       //创建文本节点
object.appendChild();            //添加子节点
object.cloneNode(true)           //复制子节点(带文本)
```

（9）事件处理句柄与事件处理程序的绑定。

```
< input type = "button" id = "butadd" value = "新增图书" onclick = "addBook();">
< input type = "reset" value = "重置">
< input type = "button" value = "单一选购" onclick = "doOne();">
< input type = "button" value = "单一退购" onclick = "undoOne();">
< input type = "button" value = "清空采购区" onclick = "clearNone();">
< input type = "button" value = "结账" onclick = "checkOut();">
```

4．实训过程与指导

编程实现"简易图书选购程序"。其具体步骤如下：

（1）文档结构的创建。

① 启动程序,创建 HTML 文档。启动编辑器软件,新建 HTML 网页,在首行插入注释语句,注明程序名称为 prj_12_2.html。格式如下：

```
<!-- prj_12_2.html -->
```

② 保存文件。输入文件名为 prj_12_2.html,然后保存文件。

（2）页面内容设计。

在 body 标记中插入图层、表单、表格、域、域标题、表单控件等标记,完成页面布局设计。

① 在 body 中插入一个 div。

② 在 div 中插入 form 标记,并在其中插入一个 4 行 2 列的表格,设置表格标题为"选购图书"。

　　a. 第 1 行中第 1 个单元格跨两列合并,插入 div,并在 div 中插入域和域标题标记,在域中分别插入两个单行文本输入框、一个普通按钮和一个重置按钮。单行文本输入框要求为必填项,设置其 id 分别为"name""money"。普通按钮的 id 为"butadd",绑定 onclick 的处理函数为 addBook()。

　　b. 第 2 行中两个单元格分别插入"图书备选区""图书采购区"。

　　c. 第 3 行中两个单元格分别插入一个下拉列表框。下拉列表框的 id 分别为"booklist""selectedlist"。在左边列表框中添加选项信息,分别为"计算机网络(32 元)""数据结构(58元)""Java 程序设计(45 元)""Web 前端开发技术(49 元)""Web 前端开发技术实验与实践(35 元)""计算机组成原理(30 元)""数据库开发技术(30 元)"。

　　d. 第 4 行中第 1 个单元格跨两列合并,插入 4 个普通按钮,其 value 属性值分别为"单一选购""单一退购""清空采购区""结账",绑定 onclick 的处理函数分别为 doOne()、undoOne()、clearNone()、checkOut()。

　　(3) 表现设计。

　　在 style 标记中定义图层、列表框、input 等标记样式,具体定义如下:

　　① 定义通配符 * 样式。样式为字体大小 18px。

　　② 定义列表框 select 标记样式。样式为宽度 310px、高度 260px。

　　③ 定义 id 为"bookshop"的 div 样式。样式为宽度 620px、有边界(上下 0、左右自动)、有边框(粗细 10px、线型实线、颜色♯F1F2F3)、填充 20px、圆角边框直径 20px。

　　④ 定义普通按钮样式。样式为有边界(上下 2px、左右 5px)、宽度 110px。

　　⑤ 定义在 input 标记上 hover 时的样式。样式为有边框(1px、虚线、颜色红色)。

　　⑥ 定义 id 为"note"的 div 样式。样式为文本居中对齐、颜色红色、字体大小 22px、背景颜色♯F1F2F3。

　　(4) 行为设计(定义 JavaScript 函数)。

　　① 定义 $(id) 函数,通过 id 获取页面元素。

```
function $(id){return document.getElementById(id);}
```

　　② 定义 addBook() 函数,将输入的图书信息添加到列表框中。

```
function addBook() {        //新增图书
    // 1.获取图书名称、图书定价文本框的 value 值
    // 2.图书名称和图书定价不为空,否则告警输出"请输入图书相关信息!!";如果数据合法,则告警
消息框输出图书定价,然后将图书名称和定价组成类似于"计算机组成原理(30 元)"的格式,作为列表
框中选项的文本信息
    // 3.利用 DOM 操作方法分别创建 option 标记和文本节点
    // 4.将文本节点添加到 option 标记中,同时将图书定价赋值给 option 标记的 value,完成 option
标记的封装
    // 5.将选项添加到列表框中
}
```

　　③ 定义 doOne() 函数,完成单个图书的选购。

```
function doOne(){
    // 方法 1:从左边列表框中选中某一选项,然后根据列表框的 selectedIndex 值是否为 -1 进行操
作,如果不为 -1,说明已经选中,通过 selectedIndex 的值获取列表框中的选项对象,直接将该选项对
象复制并添加到右边的列表框中
```

```
    // 方法 2：也可以通过 Select 对象的 add()方法直接添加选项
}
```

④ 定义 undoOne()函数，完成单一图书的退订。

```
function undoOne(){
    //在右边列表框中先选中某一选项，然后判断列表框的 selectedIndex 属性值是否为 - 1,若不为 - 1,
可以删除该选项，方法有两种，即使用 Select 对象的 remove()方法、使用 DOM 对象的 removeChild()方法；
若没有先选中某一选项，告警消息框提示"请先在右边选中某一图书，再退购!"
}
```

⑤ 定义 checkOut()函数，完成结账功能。

```
function checkOut(){
    //提示：通过列表框的 options 集合返回所有选项，然后循环获取每个选项的 value 值，并使用
parseFloat()将 value 值解析为浮点数，再累加，最后输出到 id 为"note"的 div 中
}
```

（5）保存并查看网页。

完成代码设计后保存网页文件，通过浏览器查看效果，分别单击页面上的所有按钮验证所实现的功能。

项目 36　简易轮播图设计

1．实训要求

编程实现"简易轮播图设计"页面，效果如图 12-11～图 12-14 所示。其功能要求如下：

（1）HTML 页面设计。

页面分 3 个区域，分别是左右箭头切换区（两个箭头）、图像展示区（5 幅图像）和圆点切换显示区（5 个圆点）。左右箭头切换区和圆点切换显示区采用绝对定位方式显示在图像展示区的上方。初始页面效果如图 12-11 所示。

图 12-11　简易轮播图显示的初始页面

（2）CSS 样式设计。区域样式设置如下：

① 整个页面使用 div 包裹，设置该 div 的 position 属性值为 relative，其宽度 720px、高度 320px。

② 左右箭头 div 使用背景图像（文件名为"pro123/left-right.jpg"）填充，图像文件需要进行分割，设置该 div 的 position 属性值为"absolute"，使用 top、left、right、z-index、opacity 等属性来定位和显示箭头图像，操作效果如图 12-12 所示。

图 12-12　在左右箭头上盘旋时的页面

③ 圆点切换显示区的样式采用圆角边框 border-radius 来设置，其宽度和高度均为 20px、背景颜色为"＃DDDDDD"，盘旋时背景颜色为"＃FF0000"，采用无序列表嵌套 div 来实现。包裹的 div 样式的 position 属性值设置为"absolute"，同时设置 bottom、left 等属性来定位，操作效果如图 12-13 所示。

图 12-13　在圆点上盘旋时的页面

图 12-14　轮播图的动态渲染效果页面

（3）JavaScript 程序设计。

需要完成的业务逻辑处理如下：

① 采用 DOM 访问节点的方法 getElementsByClassName()、getElementById()来获取页面元素左右箭头 div 对象、轮播图像对象、圆点 div 对象。

```
var divCon = document.getElementsByClassName("divEle");      //所有圆点
var imgEle = document.getElementsByClassName("img-slide"); //所有图像
var divPrev = document.getElementById("prev");               //左箭头
var divNext = document.getElementById("next");               //右箭头
```

② 定义全局变量 index，用于保存图像的索引号。在各个 function 中改变其值，实现当前图像的切换显示。

③ 通过循环动态地给圆点 div 对象 divCon 指定事件处理函数。格式如下：

```
for (var i = 0; i < divCon.length; i++) {
  divCon[i].index = i;
  divCon[i].onmouseover = function() {
    if (index == this.index){return;}
    index = this.index;
    changeImg();              //渲染指定的图像
    clearInterval(change1);   //停止滚动
  }
}
```

④ 渲染指定序号的图像 changeImg()函数。根据类名获取 img 元素，通过循环给每一个 img 的 style.display 属性赋值"none"，给每一个圆点 div 元素的 style.background 属性赋值"＃DDDDDD"；给指定序号为 index 的 img 元素的 style.display 和圆点 div 元素的 style.background 属性分别赋值" block"和"＃FF0000"。部分代码如下：

```
function changeImg() {
    //其他业务逻辑省略
```

```
for (var i = 0; i < imgEle.length; i++) {
    imgEle[i].style.display = 'none';
    divCon[i].style.background = "#DDDDDD";
}
imgEle[index].style.display = 'block';
divCon[index].style.background = "#FF0000";
}
```

　　⑤ 自动轮播 autoChangeImg()函数。在没有使用鼠标前，页面自动执行图像轮播。需要使用 Window 对象的定时执行函数 setInterval(code,millisec)，其中 code 是定时执行的函数，millisec 是周期性执行的时间间隔，以毫秒为单位。执行效果如图 12-14 所示。

```
function autoChangeImg() {
    index++;           //改变序号
    changeImg();       //改变当前序号的图像的 display:block,其余为 none
}
var change1 = setInterval(autoChangeImg, 3000);
```

　　⑥ 左右箭头控制滚动处理 onclick 函数。当单击左右箭头时停止滚动，同时处理 index。单击一次左箭头/右箭头时，index 值减 1/增 1，注意 index 值为 −1 和 5 时需要重新赋值，然后执行 changeImg()实现图像的同步切换。

```
//左右箭头控制滚动
divPrev.onclick = function() {
    clearInterval(change1);          //停止滚动
    if (index > 0) {index -- } else {index = 4;}
    changeImg();                      //渲染指定的图像
};
divNext.onclick = function() {…};
```

　　⑦ 在左右箭头上盘旋时停止滚动处理 onmouseover 函数。在箭头上盘旋时停止滚动，需要使用 Window 对象的 clearInterval(id_of_setinterval)方法。

```
divNext.onmouseover = function() {clearInterval(change1);}
divPrev.onmouseover = function() {clearInterval(change1);}
```

　　⑧ 在左右箭头上鼠标移出时恢复滚动处理 onmouseout 函数。在箭头上鼠标移出时恢复滚动，需要使用 Window 对象的 setInterval()方法。

```
divPrev.onmouseout = function() {
    change1 = setInterval(autoChangeImg, 3000);
}
divNext.onmouseout = function() {
    change1 = setInterval(autoChangeImg, 3000);
}
```

2．实训内容

（1）内部样式表的定义与应用。

（2）脚本放置与编程。

（3）全局变量、局部变量及自定义函数的使用。

（4）div、p、img、ul、li 等标记的定义与使用。

（5）DOM 节点的访问方法。

（6）Window 对象的定时执行和停止定时执行函数的使用。

（7）动态指定事件方法的应用。

（8）CSS 中 position 属性的应用。

3．实训所需知识点

（1）图层 div 标记与嵌套。

```html
< div class = "imgBox">
    <!-- 轮播图箭头事件处理 -->
    < div id = "prev"></div >
    < div id = "next"></div >
</div >
```

（2）样式 style 标记。

```css
< style type = "text/css">
    .imgBox { width: 700px;height: 320px;margin: 0 auto;
        position: relative;text - align: center; }
    .imgBox img {width: 700px;height: 320px;margin: 0 auto;}
    .img1 {display: block;}
</style >
```

（3）无序列表 ul 标记及 img 标记。

```html
<!-- 图像轮播区 -->
    < ul class = "box">
    < li >< img class = "img - slide img1" src = "pro123/s1.jpg" alt = "1"></li >
    < li >< img class = "img - slide img2" src = "pro123/s2.jpg" alt = "2"></li >
</ul >
```

（4）段落 p 标记。

```html
<p>简易轮播图设计</p>
```

（5）脚本 script 标记。

```javascript
< script type = "text/javascript">
    var index = 0;
    //获取页面上的相关元素
    var divCon = document.getElementsByClassName("divEle");        //所有圆点
    var imgEle = document.getElementsByClassName("img - slide"); //所有图像
    divCon[i].onmouseover = function() {   }                    //动态指定事件的方法
    ...
    var change1 = setInterval(autoChangeImg, 3000);
    clearInterval(change1);
    ...
</script >
```

（6）Window 常用方法。

```javascript
var Timer1 = setInterval(code,millisec);   //定时执行代码
clearInterval(Timer 1);                     //停止定时执行
```

4．实训过程与指导

编程实现"简易轮播图设计"程序。从 HTML 文档创建、内容设计、样式定义、脚本编程到运行调试,完成程序设计任务。其具体步骤如下:

(1) 文档结构的创建。

① 启动程序,创建 HTML 文档。启动编辑器软件,新建 HTML 网页,在首行插入注释语句,注明程序名称为 prj_12_3.html。格式如下:

```
<!-- prj_12_3.html -->
```

② 保存文件。输入文件名为 prj_12_3.html,然后保存文件。

(2) 页面内容设计。

在 body 标记中插入 div、ul、li、img、p 等标记,完成页面布局设计。

① 在 body 中插入一个 p 标记和 div 标记,并定义 class 为"imgBox",p 标记的内容为"简易轮播图设计"。

② 在 div 中分别插入以下标记。

a. 插入两个 id 分别为"prev"和"next"的 div 标记。

b. 插入一个无序列表,在其中插入 5 个 li 标记。每一个 li 标记内包裹一个 img 标记。设置 5 个 img 标记的 src 属性值分别为"pro123/s1.jpg""pro123/s2.jpg""pro123/s3.jpg""pro123/s4.jpg""pro123/s5.jpg",为每一个 img 标记设置一个公用的类名"img-slide",以及专用的类名,专用的类名分别为"img1""img2""img3""img4""img5"。

c. 插入一个 ul 标记,在其中插入 5 个 li 标记。在每一个 li 标记内插入一个 class 为"divEle"的 div 标记,div 标记的内容分别为"1""2""3""4""5",用于显示对应图像的编号。设置第 1 个 div 的 style 属性值为"background：#FF0000;"。默认以红色显示,然后定时切换,依次以红色显示每一个数字。

(3) 表现设计。

在 style 标记中定义 div、img、p 等标记样式。具体样式定义要求如下:

① 定义通配符 * 样式。样式为填充 0、边界 0。

② 定义 p 标记样式。样式为文本居中对齐、字体大小 25px。

③ 定义 class 为 imgBox 的 div 标记样式。样式为宽度 700px、高度 320px、有边界(上下 0、左右自动)、相对定位、文本居中对齐。

④ 定义 class 为 box 的 ul 标记样式。样式为列表样式类型 none。

⑤ 定义 img 标记样式。样式为宽度 700px、高度 320px、有边界(上下 0、左右自动)。

⑥ 定义 class 为 img1 的 img 标记样式,样式为块显示方式。定义 class 为 img2、img3、img4、img5 的 img 标记样式,样式为 display：none。

⑦ 定义 id 分别为 prev、right 的 div 标记样式。#prev 样式为宽度 95px、高度 95px、位置绝对定位、顶部 115px、左边 0px、z-index 值 1000、不透明度 0.2、有背景(图像 pro123/left-right.jpg、不重复,位置水平 0px、垂直 −80px)。#next 样式为宽度 95px、高度 95px、位置绝对定位、顶部 115px、右边 0px、z-index 值 1000、不透明度 0.2、有背景(图像 pro123/left-right.jpg、不重复,位置水平 −165px、垂直 −80px)。

⑧ 定义在 id 为 prev、next 的 div 上盘旋时的样式。样式为不透明度 0.7。

⑨ 定义 id 为 circlebutton 的 ul 标记样式。样式为位置绝对定位、底部 20px、左边

260px、文本居中对齐、列表样式类型 none。

⑩ 定义 id 为 circlebutton 的 ul 标记内的 li 标记样式。样式为左边界 10px、向左浮动。

⑪ 定义 id 为 circlebutton 的 ul 标记内 li 标记中包裹的 div 标记样式。样式为宽度 20px、高度 2px、背景颜色♯DDDDDD、圆角边框半径 10px，文本居中对齐、垂直居中对齐，光标为 pointer。

（4）行为设计。

按照项目设计要求中"(3)JavaScript 程序设计"需要完成的业务逻辑，完成相关函数和事件处理函数的绑定工作。

（5）保存并查看网页。

完成代码设计后再次保存网页文件，通过浏览器验证图像轮播的效果。

注意：除了可以使用元素的 CSS 属性 display 外，还可以使用 z-index 和 position 组合及使用 opacity（不透明度）来实现轮播显示图像效果。

项目 37　　列表框图像浏览器

1．实训要求

编程实现列表框图像浏览器，页面效果如图 12-15～图 12-17 所示。其功能要求如下：

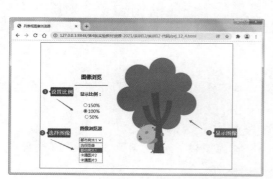

图 12-15　列表框图像浏览器的初始页面

图 12-16　设置以比例 150％显示图像的页面

图 12-17　设置以比例 50％显示图像的页面

（1）比例单选按钮的功能。当单击比例单选按钮时，能够改变图像显示的大小。显示比例分别为150％、100％、50％。当单击比例单选按钮时，将触发单选按钮的onclick事件，绑定addClass(className)事件，通过调用不同的类className（类名分别为img-1、img-2、img-3）来改变图像的显示大小。

（2）图像列表框的功能。当改变图像列表框中的选项时，能够实现切换显示图像。其中，图像列表框中第1个选项为提示选项（不可操作）；图像列表框中第2个选项为预选项。设置选项的value值分别为pro124/img1.jpg、pro124/img2.jpg、pro124/img3.jpg。

（3）学会用图层、段落、图像、单选按钮和列表框等表单控件来进行页面设计。

（4）掌握事件定义方法，学会定义自定义函数来实现列表框图像切换和单选按钮改变图像显示的比例。

2．实训内容

（1）内部样式表的定义与应用。

（2）脚本放置与编程。

（3）JavaScript自定义函数的使用。

（4）div、p、img、h3、h4、input、select及option等标记的定义与使用。

（5）DOM节点的访问方法。

（6）通过className给对象增加类样式效果。

3．实训所需知识点

（1）图层div标记与嵌套。

```
<div>
   <div><h3>图像浏览</h3></div>
</div>
```

（2）样式style标记。

```
<style type="text/css">
     #div0 {text-align: center;margin: 0 auto;
        border: 1px solid #020202;padding: 20px;width: 650px;}
     …
     .img-3 {width: 150px;}    /*缩小50％显示*/
     .img-2 {width: 300px;}    /*以原倍数显示*/
     .img-1 {width: 450px;}    /*放大150％显示*/
</style>
```

（3）表单控件。

```
<input type="radio" name="scale" onclick="addClass('img-1')" />150％<br>
<select id="sel" onchange="showImg(this)">
     <option value="" disabled="disabled">选择图像</option>
     <option value="pro124/img1.jpg" selected>都市树木1</option>
</select>
```

（4）段落p标记及img标记。

```
<p><img id="pic" src="pro124/img1.jpg" /></p>
```

（5）脚本 script 标记。

```
< script type = "text/javascript">
    //通过 id 获取页面元素
    function $(id) {return document.getElementById(id);}
    //动态形成图像文件名并修改图像标记的 src
    function showImg(oSel) {          }
    //标记动态添加类属性
    function addClass(className) { $("pic").className = className;}
</script>
```

4．实训过程与指导

编程实现列表框图像浏览器程序。从 HTML 文档创建、内容设计、样式定义、脚本编程到运行调试，完成程序设计任务。其具体步骤如下：

（1）文档结构的创建。

① 启动程序，创建 HTML 文档。启动编辑器软件，新建 HTML 网页，在首行插入注释语句，注明程序名称为 prj_12_4.html。格式如下：

```
<!-- prj_12_4.html -->
```

② 保存文件。输入文件名为 prj_12_4.html，然后保存文件。

（2）页面内容设计。

在 body 标记中插入 div、h3、h4、img、p、input、select 等标记，完成页面布局设计。

① 在 body 中插入一个 div 标记，并定义 id 为"div0"。

② 在 div 中分别插入以下标记。

a. 插入一个 id 为 left 的 div 标记。在其中分别插入 h3、hr、h4、h3、h4 标记的内容分别为"图像浏览""显示比例："。插入 3 个 type 值为 radio、name 值为 scale 的 input，分别设置 onclick 属性值为 addClass('img-1')、addClass('img-2')、addClass('img-3')。3 个单选按钮后面的文本信息为 150％、100％、50％。

b. 插入 h4 标记，内容为"图像浏览器"。

c. 插入一个 id 为"sel"的下拉列表框。绑定 onchange 事件属性值"showImg(this)"。插入 4 个 option 选项标记。其中第 1 个选项为不可用；其余选项的 value 值分别为 pro124/img1.jpg、pro124/img2.jpg、pro124/img3.jpg，选项的文本信息分别为"都市树木 1""卡通图片 2""卡通图片 3"。

d. 插入一个 id 为 right 的 div 标记。在其中插入 p 标记，在 p 标记内插入一个 id 为 pic 的 img 标记，设置其 src 属性值为"pro124/img1.jpg"。

（3）表现设计。

在 style 标记中定义 div、img 等标记样式。具体样式定义要求如下：

① 定义 id 为 div0 的 div 标记样式。样式为宽度 650px、有边界（上下 0、左右自动）、填充 20px、有边框（宽度 1px、双线、颜色♯020202）、文本居中对齐。

② 定义 id 分别为 left、right 的 div 标记样式。样式为边界 10px、文本居中对齐、行内块显示方式、图层内容垂直居中。

③ 定义 id 为 left 的 div 样式。样式为宽度 120px。

④ 定义类名为 img-1、img-2、img-3 的 img 标记样式。样式为宽度 150px、300px、450px。

（4）行为设计。

在头部插入 script 标记，分别定义 $(id)、showImg(oSel)、addClass(className)。

① 定义 $(id)函数，功能为返回指定 id 的页面标记。

② 定义 showImg(oSel)函数，功能为将参数 oSel 选项对象的 value 值赋给 id 为 pic 的 img 的 src，实现动态切换显示图像。

③ 定义 addClass(className)函数，功能为给 id 为 pic 的 img 标记添加类样式。通过对象.className 属性赋值来实现，函数括号内的 className 为类名参数。

（5）保存并查看网页。

完成代码设计后再次保存网页文件，通过浏览器验证程序的正确性。

 课外拓展训练 12

1. 采用 HTML＋CSS3＋JavaScript 混合编写实现"中国福彩双色球投注程序"，页面效果如图 12-18 和图 12-19 所示。

图 12-18　双色球投注程序的初始页面

设计要求：

（1）采用图层、表格和表单控件等标记完成页面布局设计。

（2）"启动红色摇奖器具"按钮（createRed()）的功能。单击此按钮能够从 01～33 号球中选出 6 个不重复的号球，组成双色球玩法的红色球号码，并采用 CSS3 实现以圆形红色背景、白色显示球号。

（3）"启动蓝色摇奖器具"按钮（createBlue()）的功能。单击此按钮能够从 01～16 号球中选出一个号球，组成双色球玩法的蓝色球号码，并采用 CSS3 实现以圆形蓝色背景、白色显示球号。

（4）"清空器具"按钮（clearArea()）的功能。单击此按钮能够将红色球号码区和蓝色球号码区中的号码清空。

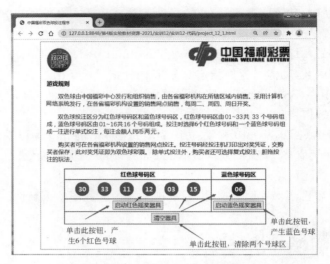

图 12-19　双色球投注时的页面

（5）页面设计要求：

① 在 body 中插入一个 div。定义 div 样式为有边界（上下 0、左右自动）、有边框（2px、实线、颜色♯FF3300）、宽度 820px、高度 700px、填充 20px、有背景（背景图像文件名为 kwtz121/logo-top.png、不重复、位置为居右上角）。

② 在 div 标记中分别插入一个 img、一个 h3、3 个 p、一个 4 行 2 列的 table 标记。img 标记的初始显示图像为 kwtz121/doublecolor.png。

③ 参照设计要求定义 3 个函数，分别为 createRed()、createBlue()、clearArea()。

（6）程序名称为 project_12_1.html。

注意：圆角红色背景显示号码的 CSS3 样式定义。

```
span {
    padding: 10px;width: 40px;height: 40px;color: white;
    border - radius: 25px;margin: 0px 15px;font - size: 22px;
}
```

2. 编写 JavaScript 程序实现志愿填报程序，页面效果如图 12-20～图 12-23 所示。

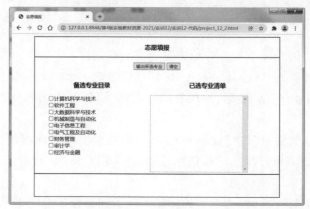

图 12-20　志愿填报初始页面

图 12-21　志愿填报页面

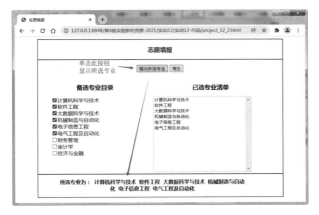

图 12-22　填报志愿输出页面

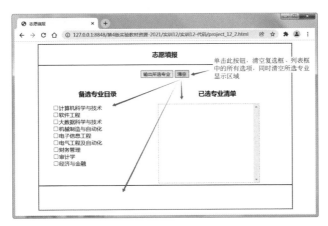

图 12-23　填报志愿清空页面

设计要求：

（1）采用图层、无序列表和列表框等主要标记完成页面布局设计，如图 2-20 所示。

（2）单击复选框（doSelected(numStr)）的功能。单击此复选框（打上钩）时，能够将此列表项中的专业名称添加到右边的列表框中。再次单击此复选框（去除钩）时，能够将右边列表框中相应的专业删除。当所选专业超过 6 个时，通过告警消息框提示，提示内容为"已经达到上限值，不可以再次添加，但可以修改！！"，如图 12-21 所示。其中参数 numStr 为字符型数值，其值是复选框的 id 值中的数字。例如某一复选框的 id 为"chk1"，则添加到列表框中选项的 value 需要设置为"1"。

（3）"输出所选专业"按钮（getOptions()）的功能。单击此按钮能够将右边列表框中的所有选项输出在最下边的图层（id 为 options）中，如图 12-22 所示。

（4）"清空"按钮（clearAll()）的功能。单击此按钮能够将左边复选框中的所有选中项改为未选中、删除列表框中的所有选项、清空最下边图层中的内容，页面效果如图 2-23 所示。

（5）删除列表框中指定 value 值的选项的函数（delOptions(numStr)）的功能。在列表框的选项中找到 value＝numStr 的选项，并将其删除。value 值用于关联复选框中的 id 号。

（6）在 body 标记中插入 div 标记，并在其中插入 3 个子 div，分别插入无序列表、列表框和所选专业，其余标记根据项目需要插入相应的 div 中。其中父 div 样式为"宽度 750px、高度 500px、有边框（2px、双线型、颜色♯666666）"。前两个子 div 的样式为"行内块显示方式、宽度 300px、高度 240px、有边框（1px、虚线型、颜色♯AAAAAA）"。其余标记样式可以根据页面效果自行设置。

（7）程序名称为 project_12_2.html。

HTML5高级应用案例

实训目标

(1) 学会使用 Web 本地存储对象解决客户端数据存储问题。

(2) 掌握 Canvas 基本语法和学会绘制各种图形、文字及图像。

(3) 学会使用 Web 拖曳技术解决简单的购物车设计问题。

(4) 理解 Web Worker 多线程工作原理，学会使用多线程解决简单的实际应用。

实训内容

(1) 使用 localStorage 和 sessionStorage 对象解决简易客户端数据存储。

(2) 使用 JavaScript 脚本实现在 Canvas 上绘制图像。

(3) 使用 HTML5 拖曳(drag 和 drop)实现页面对象从一个位置移动到另一个位置。

(4) 使用 Web Worker 实现在后台运行计算工作量大的 JavaScript 任务。

(5) 使用 IndexedDB 实现客户端数据的大容量存储。

实训项目

(1) 基于 Web Storage 的当当网图书评论页面。

(2) 用 HTML5 Canvas 开发一个小游戏。

(3) 用 HTML5 拖曳开发购物车。

(4) 使用 Web Worker 做后台数值(算法)计算。

项目 38 基于 Web Storage 的当当网图书评论页面

1. 实训要求

采用 Web Storage 开发一个简易的当当网图书评论页面，初始页面如图 13-1 所示。其功能要求如下：

(1) "写入图书评论"按钮的功能(writeComment())。其功能为每单击一次，累计一次评论总数，并同时刷新页面上的评论总数，然后将用户名、评论内容、评定星级及评论时间存入客户端数据中(可以保存多条图书评论)，页面效果如图 13-2 所示。

图 13-1　当当网图书评论页面

图 13-2　单击"写入图书评论"按钮时的页面

（2）"查看历史评论"按钮的功能（queryComment()）。其功能为将所有的评论内容显示在按钮下面的多行文本行域中，页面效果如图 13-3 所示。

图 13-3　单击"查看历史评论"按钮时的页面

（3）"清除历史评论"按钮的功能（clearComment()）。其功能为将所有的评论内容清除，同时清除多行文本域中的所有内容，页面效果如图 13-4 和图 13-5 所示。

（4）采用 HTML5 文档结构完成页面设计。

2．实训内容

（1）localStorage 和 sessionStorage 对象的常用方法的应用。

图 13-4　单击"清除历史评论"按钮时的告警页面

图 13-5　单击"清除历史评论"按钮时的清空页面

（2）HTML5 新增结构元素的使用。

（3）JavaScript 函数的定义与使用。

（4）用循环结构遍历 Web Storage 对象。

（5）JSON 对象与 JS 对象的转换方法。

（6）Date 对象的使用。

（7）样式表的定义与使用。

3．实训所需知识点

（1）图层 div 标记。

```
<div id=""></div>
```

（2）样式 style 标记。

```
<style type="text/css">
    .btn {width: 120px; height: 40px;text-align: center;}
</style>
```

（3）脚本 script 标记。

```
<script type="text/javascript" src="*.js"></script>
```

（4）表单 form 标记。

```
< form name = "myform" method = "post" action = "" onsubmit = "">
    < input type = "text" list = "star" name = "star" required />
    < datalist id = "star" name = "stars">
      < option value = "★★★★★"></option>
      < option value = "★"></option>
    </datalist>
</form>
```

（5）HTML5 文档结构元素标记。

```
< article >
    < header id = "header"></header>
    < aside >< img src = "webfe.jpg" /></aside>
    < section >
     < textarea id = "commentArea" rows = "8" cols = "80"></textarea>
    </section>
</article>
```

（6）DOM 通过 id 获取页面元素的方法。

```
document.getElementById("commentArea")
```

（7）localStorage 和 sessionStorage 对象的常用方法。

- localStorage.setItem(key,value)：保存数据。
- localStorage.getItem(key)：读取数据。
- localStorage.removeItem(key)：删除单个数据。
- localStorage.clear()：删除所有数据。
- localStorage.key(index)：得到某个索引的 key。

（8）JSON 对象与 JS 对象的转换方法。

```
//定义 JSON 对象,并永久存入 localStorage 中
var onecomment = {};
oneComment.name = myForm.username.value;
oneComment.content = myForm.mycomm.value;
oneComment.star = myForm.star.value;
var newdate = new Date();
oneComment.commtime = newdate.toLocaleString();    //将日期转换为本地字符串格式
var oneComment = JSON.stringify(oneComment);        //将 JS 对象转换为 JSON 字符串
localStorage.setItem("comment",oneComment);         //存入数据
//取出数据,并将 JSON 字符串转换为 JS 对象
var comment = localStorage.getItem(localStorage.key(i));
comment = JSON.parse(comment);                      //将 JSON 字符串解析为 JS 对象
```

（9）在 localStorage 中保存对象数组。

```
var comments = JSON.parse(localStorage.getItem('comment'))   //在之前存储
if (comments == null) {
  var comment = new Array();                                  //不存在就定义
  comment.push(oneComment);                                   //添加到数组中
```

```
    localStorage.setItem('comment', JSON.stringify(comment))        //转为 JSON 对象
} else {
    //存在就直接 push
    comments.push(oneComment);
    //将 JS 对象数组转换为 JSON 字符型
    localStorage.setItem('comment', JSON.stringify(comments));
}
```

（10）事件处理函数的绑定。

```
< input type = "button" onclick = "writeComment(); " value = "写入图书评论">
< input type = "button" onclick = "queryComment(); " value = "查看历史评论">
< input type = "button" onclick = "clearComment(); " value = "清除历史评论">
```

4．实训过程与指导

采用 Web Storage 开发一个简易的当当网图书评论页面。其具体步骤如下：

（1）文档结构的创建。

① 启动程序，创建 HTML 文档。启动编辑器软件，新建 HTML 网页，在首行插入注释语句，注明程序名称为 prj_13_1. html。格式如下：

```
<!-- prj_13_1.html -->
```

② 保存文件。输入文件名为 prj_13_1. html，然后保存文件。

（2）页面内容设计。

在 body 标记中插入图层、HTML5 结构元素、图像、表单、表单控件等标记，完成页面布局设计。

① 在 body 中插入一个 div。

② 在 div 中插入 article 标记，并在其中分别插入 header、两个 div 标记。

③ 在 header 标记中插入 img、strong 标记，分别加载当当网 Logo（dangdanglogo. jpg）和"图书评论"。

④ 插入第 2 个 div 标记，并在其中插入 aside 标记，在 aside 中分别插入两个 img 标记，加载两本书的图像（vuejs. jpg、webfe. jpg）。

⑤ 插入第 3 个 div，并在 div 中插入一个 name 为"myForm"的 form 标记。在 form 中分别插入相关表单元素，具体如下：

a. 插入"用户名"输入文本框，要求内容不为空、占位符的内容为"请输入用户名"。

b. 插入多行文本域，行数为 5、列数为 80、占位符的内容为"请说点什么吧！"。

c. 插入一个数据列表（input 标记的新属性 list 必须与 datalist 标记的 id 属性配合使用），在 datalist 标记中插入 5 个选项，用于显示星级（★）等级，共 5 个等级。

d. 插入 3 个普通按钮，其 value 值分别为"写入图书评论""查看历史评论""清除历史评论"，指派 onclick 属性的值分别为 writeComment()、queryComment()、clearComment()。

e. 插入一个 id 为"commentSum"的 label 标记，作为评论总数显示区域。

f. 插入一个 section 标记，并在其中插入一个 textarea 等标记。其中 textarea 标记用于显示历史评论数据，其 id 为"commentArea"，行数为 8、列数为 80。

（3）表现设计。

在 style 标记中定义图层、header、input 等标记的样式。具体样式定义要求如下：

① 定义内嵌图层♯div0 样式。样式为有边界（上下 0、左右自动）、宽度 740px、高度 450px、填充 50px、有边框（1px、虚线、颜色♯AAAAAA）。

② 定义内嵌图层♯div1 样式。样式为宽度 150px、高度 340px、向左浮动、顶部填充 40px。

③ 定义内嵌图层♯div2 样式。样式为向左浮动、行高为 2em。

④ 定义♯header 样式。样式为高度 130px。

⑤ 定义 strong 标记样式。样式为字体大小 60px，字符间距 4px，颜色♯FF5555，文本阴影的水平阴影、垂直阴影。模糊距离分别为 4px、4px、4px，阴影的颜色♯008899。

⑥ 定义 input 标记.btn 样式。样式为宽度 120px、高度 40px、水平居中对齐。

⑦ 定义 aside 标记内 img 标记的样式。样式为宽度 100px、边界 5px。

（4）交互行为设计。

① 清除历史评论 clearComment()。

```
function clearComment() {
    //1.在删除之前必须确认,确认后再删除
    //2.调用 localStorage 对象的清除方法
    //3.将多行文本框内容和评论统计信息清空
}
```

② 写入图书评论 writeComment()。每成功写一次,必须同时更新评论总数。

```
var sum = 0;                                    //1.计算评论总数
var oneComment = {};                            //2.定义一个空的评论 JSON 对象
localStorage.setItem("sum", sum);               //写入 sum
function writeComment() {
    //取出之前存储的所有历史评论数据,解析为 JS 对象
    var comments = JSON.parse(localStorage.getItem('comment'))    //已经存储的
    //3.将 sum 的初始值 0 写入客户端中
    //4.如果 sum 存在则累加 1,不存在则初始化为 1
    //5.形成 JSON 对象,并永久存入 localStorage 中
    //如果所有输入项均有内容,则分别设置评论 JS 对象中的属性,格式如下:
    oneComment.name = myForm.username.value;
    oneComment.content = myForm.mycomm.value;
    oneComment.star = myForm.star.value;
    var newdate = new Date();
    oneComment.commtime = newdate.toLocaleString();
    //封装完成写入对象数组
    if (comments == null) {
        var comment = new Array();                      //不存在就定义
        comment.push(oneComment);
        console.log(comment);
        localStorage.setItem('comment', JSON.stringify(comment))    //转为 JSON 对象
    } else {
        //存在就直接 push
```

```
    comments.push(oneComment);
    //将JS对象数组转换为JSON字符型
  localStorage.setItem('comment', JSON.stringify(comments));
  }
  localStorage.setItem("comment", JSON.stringify(oneComment));
  //6.通过标签标记输出统计评论总数,同时清空输入项
}
```

③ 查询历史评论 queryComment()。通过多行文本域显示评论信息。

```
function queryComment() {
    //取出 localStorage 中存储的所有评论信息,并显示所有评论内容(由JSON对象转换为JS对象)
    var comment = JSON.parse(localStorage.getItem('comment')) ;  //已经存储的
    var result = ""; //1.定义保存结果的变量,供最后一次性赋给多行文本域
    //2.如果 Comment 对象的长度大于 0,则进行遍历
    //3.采用 for、while 等循环结构依次遍历所有评论
    //3.1 从数组中依次取出每条图书评论,并连接起来
    //3.2 结果变量 result 表达式形成
    //4.利用多行文本域显示所有的评论信息

}
```

（5）保存并查看网页。

完成代码设计后保存网页文件,通过浏览器查看页面,分别单击3个按钮,验证代码所实现的功能。

＊【思考与提高】

（1）如果将 localStorage 对象改为 sessionStorage 对象,运行结果有什么差异?

（2）如果采用 IndexedDB 来保存用户评论信息,实现和"写入图书评论""查询历史评论""清除历史评论"等同样的功能,代码应该如何修改?

提示:可以定义一个评论 Comment 对象,属性有用户名称、评论信息、评价星级、评论时间等。然后创建数据库、创建对象仓库,以及进行对象的增、删、查等操作。具体步骤可参考教材 17.1.3 和 17.5 节中的内容。

项目 39　用 HTML5 Canvas 开发一个小游戏

1．实训要求

用 HTML5 Canvas 开发一个英雄抓怪物的小游戏,页面效果如图 13-6 所示。功能要求如下:

（1）通过移动上、下、左、右箭头,使英雄图像与怪物图像尽量接近,当两者之间相差大约 32 像素时,即判定为一次相遇(相碰),也就是说英雄捉住怪物一次,在屏幕左上角会动态刷新"Goblins caught:"后面的数字。

（2）每相碰一次,捉住怪物的次数累加 1。一次游戏结束后,自动启动下一次游戏,同时英雄图像自动居中(位于画布的正中央),怪物的图像随机出现在画布的任意位置上,等待用户再次进行键盘操作。

（3）整个程序使用背景、英雄、怪物 3 张图像,存放在子文件夹 pro132/images 中,文件名分别为 background.png、hero.png、monster.png。

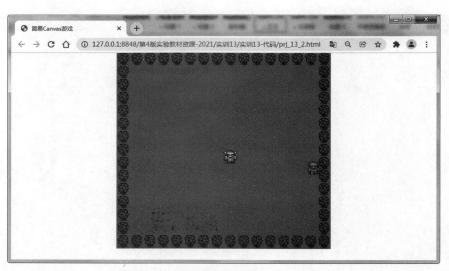

图 13-6　英雄抓怪物小游戏的初始界面

2．实训内容

（1）HTML5 Canvas 新标记的应用。

（2）JavaScript 函数的定义与使用。

（3）DOM 节点访问操作。

（4）动态分派对象事件句柄。

（5）学会使用 requestAnimationFrame()加载动画。

（6）学会使用 Canvas 绘制图像。

（7）学会使用 Canvas 绘制文本。

3．实训所需知识点

（1）脚本 script 标记。

```
< script type = "text/javascript" src = " pro132/js/game.js"></script>
```

（2）画布 canvas 标记。

```
< canvas id = "canvas" width = "512" height = "480"></canvas>
```

（3）主体 body 标记。

```
< body style = "text - align: center; margin: 0 auto;"></body>
```

（4）加载动画 requestAnimationFrame()。

window. requestAnimationFrame()将告知浏览器马上要开始动画效果。这个方法就是传递给 window. requestAnimationFrame()的回调函数。

这个方法的原理其实和 setTimeout()/setInterval()差不多,通过递归调用同一方法来不断更新画面以达到动起来的效果,它优于 setTimeout()/setInterval()的地方在于它是由浏览器专门为动画提供的 API,在运行时浏览器会自动优化方法的调用,并且如果页面不是激活状态,动画会自动暂停,有效地节省了 CPU 开销。

它可以直接调用,也可以通过 window 来调用,接收一个函数作为回调,返回一个 id 值,通过把这个 id 值传给 window. cancelAnimationFrame()可以取消该次动画。其语法如下:

```
requestAnimationFrame(callback);          //callback 为回调函数
```

（5）Canvas 绘制图像的方法。

```
var canvas = document.createElement("canvas");
var ctx = canvas.getContext("2d");        //生成绘图环境
ctx.drawImage(bgImage, 0, 0);             //背景图像从(0,0)处开始绘制
ctx.drawImage(heroImage, hero.x, hero.y); //从指定位置处开始绘制
```

（6）Canvas 绘制文本的方法。

```
ctx.fillStyle = "rgb(255, 10, 10)";       //设置填充样式
ctx.font = "24px Helvetica";              //设置字体
ctx.textAlign = "left";                   //设置对齐方式
ctx.textBaseline = "top";                 //设置当前文本基线位置
ctx.fillText("Goblins caught: " + monstersCaught, 32, 32);    //填充文本
```

（7）JavaScript 函数定义方法。

```
function render() {//函数体;}             //1.常规方法
var main = function () {                   //2.定义函数变量
    var now = Date.now();                 //获取当前时间
    var delta = now - then;               //计算两次游戏之间的时间差
    update(delta / 1000);
    render();
    then = now;
    //立即调用主函数
    requestAnimationFrame(main);          //请求动画帧,一种循环执行动画函数
};
```

（8）游戏对象的定义。

```
var hero = {                 //定义 3 个属性,记录英雄对象在屏幕上的位置及移动速度
    speed: 256,              //每秒运动的像素,英雄需要移动
    x:0,y:0
};
var monster = {x:0,y:0};     //定义两个属性,记录怪物在屏幕上的坐标,在游戏中不移动
```

（9）Date 对象的应用。

```
var now = (new Date()).getTime();    //返回 1970 年 1 月 1 日与指定日期之间的毫秒数
```

（10）键盘事件监听函数。

4 个方向键对应的 e. keyCode 的值。左箭头:37;上箭头:38;右箭头:39;下箭头:40。监听事件代码如下:

```
addEventListener("keydown", function (e) {    //增加 keydown 事件监听
    keysDown[e.keyCode] = true;               //把用户的输入先保存下来而不是立即响应
```

```
}, false);
addEventListener("keyup", function (e) {        //增加 keyup 事件监听
    delete keysDown[e.keyCode];                //删除这个按键的值
}, false);
```

4．实训过程与指导

用 HTML5 Canvas 开发一个英雄抓怪物的小游戏，具体步骤如下：

（1）文档结构的创建。

① 启动程序，创建 HTML 文档。启动编辑器软件，新建 HTML 网页，在首行插入注释语句，注明程序名称为 prj_13_2.html。格式如下：

```
<!-- prj_13_2.html -->
```

② 保存文件。输入文件名为 prj_13_2.html，然后保存文件。

（2）页面内容设计。

在 body 标记中插入脚本，完成页面布局设计。格式如下：

```
< script src = "js/game.js"></script>
```

（3）表现设计。

设置 body 标记的 style 属性。其值为内容水平居中、边界上下 0、左右自动。其目的是让图像始终水平居中显示。

（4）交互行为设计。

实现游戏的 JavaScript 脚本文件名为 game.js，并保存在 pro132/js 子目录中。在此文件中需要编写实现游戏各个环境所需要的代码，主要包括创建画布（作为游戏的舞台）、准备待渲染的图像、定义游戏对象（英雄、怪物）、处理用户键盘操作、初始化新一轮游戏的参数准备、更新游戏对象的位置、判断英雄与怪物是否相碰、绘制图像、绘制文本、主循环函数和新一轮游戏等相关代码的设计。详细代码及注释如下：

```
/* game.js 英雄抓怪物小游戏 */
//1.创建 canvas,作为游戏的舞台
var canvas = document.createElement("canvas");
var ctx = canvas.getContext("2d");              //生成绘图环境
canvas.width = 512;                             //设置 canvas 的宽度
canvas.height = 480;                            //设置 canvas 的高度
document.body.appendChild(canvas);             //将创建的 canvas 添加到 body 中
//2.1 为背景图像的加载做好准备
var bgReady = false;
var bgImage = new Image();
bgImage.onload = function () {bgReady = true;};
bgImage.src = " pro132/images/background.png";
//2.2 为英雄图像的加载做好准备
var heroReady = false;
var heroImage = new Image();
heroImage.onload = function () {heroReady = true;};
heroImage.src = " pro132/images/hero.png";
//2.3 加载怪物图像 monster.png
var monsterReady = false;                       //定义怪物准备逻辑量
var monsterImage = new Image();                 //定义怪物图像
```

```
monsterImage.onload = function () {monsterReady = true;};     //动态指派事件
monsterImage.src = "pro132/images/monster.png";     //给 img 的 src 属性赋值
//3.定义游戏对象(英雄、怪物及统计次数)
var hero = {
    speed: 256,                           // 每秒运动的像素,英雄需要移动
    x:0,y:0
};
var monster = {x:0,y:0};                  //定义怪物对象,在游戏中不移动
var monstersCaught = 0;                   //存储怪物被捉住的次数
//4.处理用户按键操作
var keysDown = {};                        //该对象用于保存用户按下的键值(keyCode)
//4.1增加 keydown 事件监听,把用户的输入先保存下来而不是立即响应
addEventListener("keydown", function (e) {
    keysDown[e.keyCode] = true;
}, false);
//4.2增加 keyup 事件监听
addEventListener("keyup", function (e) {
    delete keysDown[e.keyCode];
}, false);
//5.当玩家捉住一只怪物后复位,开始一轮新游戏
//5.1英雄图像的坐标位于 canvas 中心位置上
var reset = function () {
    hero.x = canvas.width / 2;
    hero.y = canvas.height / 2;
    //5.2将怪物随机扔在屏幕上,重新生成怪物的坐标
    monster.x = 32 + (Math.random() * (canvas.width - 64));
    monster.y = 32 + (Math.random() * (canvas.height - 64));
};
//6.更新游戏对象
var update = function (modifier) {
    if (38 in keysDown) {                 //玩家按住上箭头
        hero.y -= hero.speed * modifier;  //修改英雄图像的 Y 坐标
    }
    if (40 in keysDown) { //玩家按住下箭头
        hero.y += hero.speed * modifier;  //修改英雄图像的 Y 坐标
    }
    if (37 in keysDown) { //玩家按住左箭头
        hero.x -= hero.speed * modifier;  //修改英雄图像的 X 坐标
    }
    if (39 in keysDown) { //玩家按住右箭头
        hero.x += hero.speed * modifier;  //修改英雄图像的 X 坐标
    }
    //7.英雄与怪物是否碰到一起?根据坐标来判断,相互间隔 32 像素以内算相遇一次
    if (
        hero.x <= (monster.x + 32)  && monster.x <= (hero.x + 32)
        && hero.y <= (monster.y + 32)  && monster.y <= (hero.y + 32)
    ) {
        ++monstersCaught;                 //累计提到的次数
        reset();
    }
};
//8.绘制图像中的所有事物(渲染事件)
var render = function () {
    if (bgReady) {
        ctx.drawImage(bgImage, 0, 0);     //背景图像从(0,0)处开始绘制
    }
    if (heroReady) {
```

```
            ctx.drawImage(heroImage, hero.x, hero.y);        //从指定位置处开始绘制
        }
        if (monsterReady) {
            ctx.drawImage(monsterImage, monster.x, monster.y);  //从指定位置处开始绘制
        }
        //9.显示捉到怪物的次数
        ctx.fillStyle = "rgb(255, 10, 10)";                   //设置填充样式
        ctx.font = "24px Helvetica";                          //设置字体
        ctx.textAlign = "left";                               //设置对齐方式
        ctx.textBaseline = "top";                             //设置对齐基准线位置
        ctx.fillText("Goblins caught: " + monstersCaught, 32, 32);  //填充文本
    };
    //10.主函数 main()
    var main = function () {
        var now = (new Date()).getTime();                     //获取当前时间
        var delta = now - then;                               //计算两次游戏之间的时间差
        update(delta / 1000);                                 //调用更新函数
        render();
        then = now;
        //立即调用主函数
        requestAnimationFrame(main);                          //请求动画帧,一种循环执行动画函数
    };
    //11.浏览器兼容性处理(requestAnimationFrame)
    var w = window;
    requestAnimationFrame = w.requestAnimationFrame || w.webkitRequestAnimationFrame || w.
    msRequestAnimationFrame || w.mozRequestAnimationFrame;
    //12.开始玩这个游戏
    var then = (new Date()).getTime();                        //再获取当前时间
    reset();                                                  //渲染事物
    main();
```

（5）保存并查看网页。

完成代码设计后保存网页文件，通过浏览器查看页面，分别单击 4 个方向键按钮，检查代码所实现的功能是否与需求相对应。其效果如图 13-7 所示。

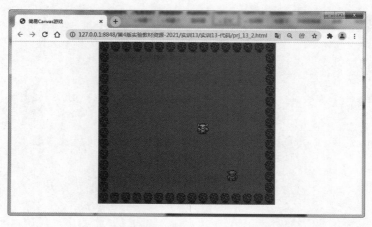

图 13-7　英雄抓怪物过程中的状态效果图

　　注：本项目参照"How to make a simple HTML5 Canvas game"改编而成，对于源代码，用户可访问网站"http://www.lostdecadegames.com/how-to-make-a-simple-html5-canvas-game/"。

项目 40 用 HTML5 拖曳开发购物车

1．实训要求

用 HTML5 拖曳新特性编写国内跟团旅游线路选购购物车，效果如图 13-8 和图 13-9 所示。其功能要求如下：

图 13-8 国内跟团旅游线路选购购物车的初始页面

图 13-9 选购国内旅游线路后的页面

（1）有 4 条旅游线路的信息，其一，景点图像名为 ly_01_zhangjiajie.jpg、线路名称为"长沙—张家界—凤凰古城双高 6 日游"、线路单价为 1000 元；其二，景点图像名为 ly_02_zhangjiajie.jpg、线路名称为"张家界-玻璃桥-天门山-玻璃栈道-凤凰古城双高 6 日游"、线路单价为 2000 元；其三，景点图像名为 ly_03_sanya.jpg、线路名称为"三亚-蜈支洲-天涯海角 5 日游"、线路单价为 3000 元；其四，景点图像名为 ly_04_kunming.jpg、线路名称为"昆明-大理-丽江-香格里拉双飞 8 日游"、线路单价为 4000 元，如图 13-8 所示。景点图像均存放在 pro133 子目录中。

（2）将景点介绍以列表项的形式水平排列，当用户选择并拖动时，能够拖到下面的图层 div 中，按顺序显示序号、旅游线路名称、数量、报价，同时能够根据用户选购线路的单价和数量自动进行汇总计算，并显示在线路的最下方。如果用户重复选择（拖曳）某一线路，程序能够自动识别，并且不新增旅游线路，只是增加旅游线路参加人数的数量和线路报价小计，重新计算总价。页面效果如图 13-9 所示。

2．实训内容

（1）HTML5 拖曳新特性的应用。

（2）JavaScript 函数的定义与使用。

（3）DOM 节点访问操作。

（4）动态分派对象事件句柄。

（5）学会使用 dataTransfer 对象来设置和获取数据。

（6）学会使用拖曳事件（dragstart、drop 等）编写简单的应用程序。

3．实训所需知识点

（1）脚本 script 标记。

```
< script type = "text/javascript" src = "" ></script >
```

（2）样式 style 标记。

```
< style type = "text/css" >
    p{text - align: center;clear: both; }        / * 保证每个段落必须另起一行 * /
</style >
```

（3）无序列表 ul 标记。

```
< ul >
    < li draggable = "true" >
        < img src = "pro133/ly_01_zhangjiajie.jpg" >
        < p >长沙 - 张家界 - 凤凰古城双高 6 日游</p >
        < p >1000 元</p >
    </li >
</ul >
```

（4）图层 div 标记。

```
< div id = "div1" >
    < p >< span class = "box1" ></span > < span class = "box2" ></span >…</p >
</div >
```

（5）预格式化 pre 标记。

```
< pre >旅游线路名称                数量                        报价</pre >
```

（6）标题字 h3 标记。

```
< h3 >客户选购旅游线路</h3 >
```

（7）HTML5 拖曳基础知识。

① 设置元素的 draggable 属性为 true 允许拖曳。

```
< li draggable = "true">
    < img src = " pro133/ly_02_zhangjiajie.jpg">
    < p >张家界 - 玻璃桥 - 天门山 - 玻璃栈道 - 凤凰古城双高 6 日游</p>
    < p > 2000 元</p>
</li >
```

② 设置拖曳事件。

```
var odiv = document.getElementById('div1');              //获取页面上的图层 div1
//给图层动态分派 ondragover 事件句柄,并绑定处理函数
odiv.ondragover = function(ev) {ev.preventDefault();}
//循环给所有列表项添加 ondragstart 事件句柄
for(var i = 0; i < ali.length; i++) {
    ali[i].ondragstart = function(ev) {//通过 dataTransfer 对象的 setData()保存数据
        var ap = this.getElementsByTagName('p');        //取列表中的所有段落
        ev.dataTransfer.setData('title', ap[0].innerHTML);   //将取出的线路名称存入
        ev.dataTransfer.setData('money', ap[1].innerHTML);   //将取出的线路单价存入
        ev.dataTransfer.setDragImage(this, 0, 0);           //默认拖曳图像
    }
}
//给图层动态分派 ondrop 事件句柄,并绑定处理函数
odiv.ondrop = function(ev) {                              //放置时操作
    ev.preventDefault();                                 //阻止默认行为
    var stitle = ev.dataTransfer.getData('title');       //取出线路名称
    var smoney = ev.dataTransfer.getData('money');       //取出线路单价
    //p: -- 序号 -- 旅游线路名称 ----- 数量 ------ 报价
    if(!obj[stitle]) {
        var op = document.createElement('p');            //创建一个 p
        var ospan = document.createElement('span');      //创建第 1 个 span,显示序号
        ospan.className = 'box0';                        //注释同上
        ospan.innerHTML = '< h4 >' + (wayno + 1) + '.</h4 >';
        op.appendChild(ospan);
        var ospan = document.createElement('span');      //创建第 2 个 span
        ospan.className = 'box2';                         //注释同上
        ospan.innerHTML = stitle;
        op.appendChild(ospan);
        var ospan = document.createElement('span');      //创建第 3 个 span
        ospan.className = 'box1';                         //设置 span 的类名为 box1
        ospan.innerHTML = 1;                             //设置内容为1,这是数量
        op.appendChild(ospan);   //将 span 添加到 p 中
        var ospan = document.createElement('span');      //创建第 4 个 span
        ospan.className = 'box3';
        ospan.innerHTML = smoney;
        op.appendChild(ospan);                          //将第 4 个 span 添加到 p 中

        odiv.appendChild(op);                           //将 p 添加到 div 中
        obj[stitle] = 1;
        wayno++;
    } else {//重复线路只修改数量及报价
```

```
            var box1 = document.getElementsByClassName('box1');
            var box2 = document.getElementsByClassName('box2');
            for(var i = 0; i < box2.length; i++) {
                if(box2[i].innerHTML == stitle) {
                    box1[i].innerHTML = parseInt(box1[i].innerHTML) + 1;
                }
            }
        }
        //创建一个 div,存放计算的线路总价
        if(!allMoney) {
            allMoney = document.createElement('div');      //创建 div 对象
            allMoney.id = 'allMoney';
        }
        inum += parseInt(smoney);                           //解析为整数
        allMoney.innerHTML = "总计:" + inum + '元';
        odiv.appendChild(allMoney);
    }
```

4．实训过程与指导

编程实现国内跟团旅游线路选购购物车的页面。其具体步骤如下：

（1）文档结构的创建。

① 启动程序,创建 HTML 文档。启动编辑器软件,新建 HTML 网页,在首行插入注释语句,注明程序名称为 prj_13_3.html。格式如下：

```
<!-- prj_13_3.html -->
```

② 保存文件。输入文件名为 prj_13_3.html,然后保存文件。

（2）页面内容设计。

在 body 标记中插入标题字、水平分隔线、图层、无序列表、段落、图像等标记。

① 在 body 中插入一个 h3 标记,内容为"国内跟团旅游线路选购"。

② 在 body 中插入 hr 标记,设置颜色为"#006600"。

③ 插入第 1 个 div 标记,设置 id 为"div2",并在其中插入 ul 标记。

④ 在 ul 标记中分别插入 4 个列表项,并为每一个列表项设置 draggable 属性值为 true。在每一个列表项中分别插入一个图像和两个段落。具体信息如下：

- 景点图像文件存储在文件夹 pro133/中,文件名分别为 ly_01_zhangjiajie.jpg、ly_02_zhangjiajie.jpg、ly_03_sanya.jpg、ly_04_kunming.jpg。
- 一个段落内容为景点名称,景点名称分别为"长沙-张家界-凤凰古城双高 6 日游""张家界-玻璃桥-天门山-玻璃栈道-凤凰古城双高 6 日游""三亚-蜈支洲-天涯海角 5 日游""昆明-大理-丽江-香格里拉双飞 8 日游"。
- 一个段落内容为线路报价,线路报价分别为 1000 元、2000 元、3000 元、4000 元。

⑤ 在 body 中插入一个 h3 标记,内容为"客户选购旅游线路"。

⑥ 在 body 中插入 pre 标记,内容为"旅游线路名称""数量""报价",在实际布局时可以调整它们之间的间距。

⑦ 在 body 中插入 div 标记,设置其 id 为"div1"。

（3）表现设计。

在 style 标记中定义 div、img、ul、hr、p、pre、span 等标记的样式,具体样式定义要求如下：

① 定义全局样式。样式为填充 0px、边界 0px。

② 定义 img 标记样式。样式为宽度 220px、高度 180px、边界 9px。

③ 定义列表项 li 样式。样式为宽度 245px、边界 9px、边框 1px、实线、颜色♯333、向左浮动、列表样式类型 none。

④ 定义段落 p 标记样式。样式为文本水平居中对齐、清除左右浮动。

⑤ 定义 div 标记♯div1 样式。样式为宽度 1200px，高度 250px，边界上下 0、左右自动，边框 1px、虚线型、颜色♯666666、清除两边浮动。

⑥ 定义 div 标记♯div2 样式。样式为宽度 1200px，高度 280px，边界上下 0、左右自动，填充 5px、水平居中对齐、边框 5px、ridge 型、颜色♯678966。

⑦ 定义 span 标记.box0 样式。样式为宽度 16px、向左浮动、边框 1px、虚线型、颜色♯006E38。

⑧ 定义 span 标记.box1、.box2、.box3 样式。样式为宽度 380px、底边框 1px、虚线型、颜色♯006E38。

⑨ 定义 div 标记♯allMoney 样式。样式为右填充 200px、向右浮动。

⑩ 定义 h3 标记样式。样式为清除两边浮动、文本水平居中对齐、字体大小 28px。

⑪ 定义 pre 标记样式。样式为文本水平居中对齐、字体大小 24px。

（4）交互行为设计。

实现购物车需要编写 onload()、ondragstart()、ondragover()、ondrop()等函数。各函数的主要功能分别如下：

- 窗体装载函数 onload()。

```
window.onload = function() {                              //窗口装载时初始化程序
    var odiv = document.getElementById('div1');          //取对象 div1,显示购物车信息
    var ali = document.getElementsByTagName('li');       //取所有列表项
    var obj = {};                                        //定义已经选购的线路名称
    var allMoney = null;                                 //定义总计
    var inum = 0;                                         //定义存放总计结果
    var wayno = 0;                                        //显示线路序号
for(var i = 0; i < ali.length; i++) {
    ali[i].ondragstart = function(ev) {
        var ap = this.getElementsByTagName('p');         //取列表中的所有段落
        ev.dataTransfer.setData('title', ap[0].innerHTML); //将取出的线路名称存入
        ev.dataTransfer.setData('money', ap[1].innerHTML); //将取出的线路单价存入
        ev.dataTransfer.setDragImage(this, 0, 0);        //默认拖曳图像
    }
}
```

- 拖动盘旋函数 ondragover()。

```
odiv.ondragover = function(ev) {
    ev.preventDefault();
}
```

- 放置函数 ondrop()。

```
odiv.ondrop = function(ev) {      //放置时操作
    ev.preventDefault();
    //其余参见"3.实训所需知识"中的(7)HTML5 拖曳基础知识
}
```

（5）保存并查看网页。

完成代码设计后保存网页文件，通过浏览器查看页面，分别拖曳 4 个图像，检查代码所实现的功能是否与需求相对应。其效果如图 13-9 所示。

项目 41　使用 Web Worker 做后台数值（算法）计算

1．实训要求

工作线程最简单的应用就是用来做后台计算，而这种计算并不会中断前台用户的操作。这里执行一个相对来说比较复杂的任务：使用 Web Worker 工作线程实现在后台计算两个非常大的数字的最小公倍数和最大公约数。页面布局效果如图 13-10 所示。

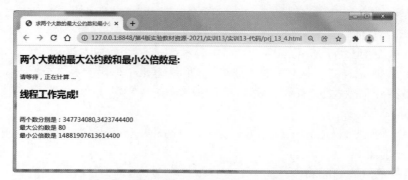

图 13-10　Web Worker 实现后台数值计算

2．实训内容

（1）创建 Web Worker 对象。

（2）创建 Web Worker 文件。

（3）定义计算两个数的最小公倍数和最大公约数的函数。

（4）主线程与工作线程之间通信（发送和接收数据）。

3．实训所需知识点

（1）图层 div 标记。

```
<div></div>
```

（2）标题字 h2 标记。

```
<h2>两个大数的最大公约数和最小公倍数是:</h2>
```

（3）段落 p 标记。

```
<p id = "result">请等待,正在计算 … </p>
```

（4）脚本 script 标记。

```
<script type = "text/javascript" src = "">…</script>
```

（5）工作线程的原理。

* 在主程序页面中使用 Worker()构造函数创建一个新的工作线程，它会返回一个代表此线程本身的线程对象。代码如下：

```
var worker = new Worker('prj_13_4_worker.js');
```

* 使用这个线程对象与后台脚本进行通信。线程对象有两个主要事件要处理：使用 postMessage()向后台脚本发送消息，onmessage 事件句柄绑定事件处理函数，用于接收从后台脚本中传递过来的消息。其代码如下：

```
worker.postMessage(数据);           //发送消息
worker.onmessage = function(event) {//接收消息
    //处理事件代码
};
```

4．实训过程与指导

使用 Web Worker 工作线程实现在后台计算两个非常大的数字的最小公倍数和最大公约数。其具体步骤如下：

（1）文档结构的创建。

① 启动程序，创建 HTML 文档。启动编辑器软件，新建 HTML 网页，在首行插入注释语句，注明程序名称为 prj_13_4.html。格式如下：

```
<!-- prj_13_4.html -->
```

② 保存文件。输入文件名为 prj_13_4.html，然后保存文件。

（2）页面内容设计。

在 body 标记中插入图层、表单、表格、表单控件、h2、img、列表框等标记，完成页面布局设计。

① 在 body 中插入一个 div。

② 在 div 中插入 h2 标记，其内容为"两个大数的最大公约数和最小公倍数是："。

③ 在 div 中插入 p 标记，其内容为"请等待，正在计算…"，同时该段落作为计算结果显示区域。

（3）编写主页面内的 JavaScript 脚本。

在 body 中插入 script 标记，并在标记中分别编写代码。

① 创建一个 Worker 对象，并将参数"prj_13_4_worker.js"传入该对象。

② 定义一个 JSON 对象。格式如下：

```
var student = {name: "段正祥",age:30,no:1709012301};    //作为参数传给工作线程
var number = {
                first: 347734080,
                second: 3423744400
};
```

③ 将 JSON 对象传送给工作线程。

④ 通过 onmessage 事件句柄绑定事件处理函数，接收来自工作线程的数据。代码

如下：

```
worker.onmessage = function(event) {
    //负责将接收的数据显示在主页面上
};
```

（4）编写工作线程的 JavaScript 脚本。

在工作线程 prj_13_4_worker.js 中编写 3 个 JavaScript 函数,分别为 divisor(first, second)、multiple(first, second)、calculate(first, second)。

① 在后台工作线程中需要两个 JavaScript 函数,其中 divisor(first,second)用于计算最大公约数,multiple(first, second)用于计算最小公倍数。同时工作线程的 onmessage 事件处理器用于接收从主页面中传递过来的数值,然后把这两个数值传递到 calculate(first, second)用于计算。当计算完成后,通过 postMessage()方法将计算结果发送到主页面。

② 在主页面中创建一个后台工作线程,并且向这个工作线程分配任务(即传递两个特别大的数字),当工作线程执行完这个任务时,便向主页面程序返回计算结果,而在这个过程中,主页面不需要等待这个耗时的操作,可以继续进行其他的行为或任务。共有两个主要部分：一个是主页面,可以包含主 JavaScript 应用入口、用户其他操作 UI 等；另外一个是后台工作线程脚本,用来执行计算任务。代码片段如下：

```
/* 程序名称为 prj_13_4_worker.js */
onmessage = function(event) {                    //从主页面接收数据(任务)
    var first = eval(event.data.first);          //取第 1 个数 */
    var second = eval(event.data.second);        //取第 2 个数 */
    calculate(first, second);                    //调用函数计算
};
/* 计算最小公倍数和最大公约数 */
function calculate(first, second) {              //执行计算工作
    /* var t1 = (new Date()).getTime(); */
    var common_divisor = divisor(first, second);    //调用函数计算最大公约数
    var common_multiple = multiple(first, second); //调用函数计算最小公倍数
    /* var t2 = (new Date()).getTime(); */
    postMessage("<h2>线程工作完成!</h2><br>" + "两个数分别是: " + first + "," + second
+ "<br>" +"最大公约数是 " + common_divisor +"<br>最小公倍数是 " + common_multiple);
}
/**
 * 计算最大公约数
 * 参数 1: number
 * 参数 2: number
 * 返回值
 */
function divisor(a, b) {                          //递归
    if(a % b == 0) {
        return b;
    } else {
        return divisor(b, a % b);
    }
}
/**
 * 计算最小公倍数
 * 参数 1: number
```

```
 *  参数 2: number
 *  返回值
 * /
function multiple(a, b) {
    var multiple = 0;
    multiple = a * b / divisor(a, b);
    return multiple;
}
```

（5）保存并查看网页。

完成代码设计后保存网页文件，通过浏览器查看页面效果。

课外拓展训练 13

1. 使用 HTML5 拖曳新特性编写女式服装选购购物车页面[①]，效果如图 13-11 和图 13-12 所示。其要求如下：

图 13-11 女式服装选购购物车页面

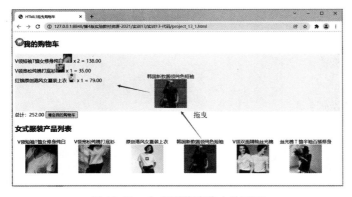

图 13-12 女式服装选购中的页面

（1）有 6 款女式服装，其一，服装图像名为 taobao13_3_1.jpg、服装名称为"V 领短袖 T 恤女修身纯白"、服装价格为 69.00 元；其二，服装图像名为 taobao13_3_2.jpg、服装名称为"V

---

① http://developerdrive.developerdrive.netdna-cdn.com/wp-content/uploads/2013/09/cart.html

领宽松纯棉打底衫"、服装价格为 35.00 元；其三，服装图像名为 taobao13_3_3.jpg、服装名称为"原创港风女夏装上衣"、服装价格为 79.00 元；其四，服装图像名为 taobao13_3_4.jpg、服装名称为"韩国新款圆领纯色短袖"、服装价格为 59.50 元；其五，服装图像名为 taobao13_3_5.jpg、服装名称为"V 领双面精梳丝光棉"、服装价格为 145.70 元；其六，服装图像名为 taobao13_3_6.jpg、服装名称为"丝光棉 T 恤半袖百搭修身"、服装价格为 39.99 元，如图 13-11 所示。服装图像文件均存放在子文件夹 kwtz13 中。

（2）将服装展示以列表项的形式水平排列在一个 section 中，当用户选择服装名称并拖动时，能够拖到上面一个 section 中，按顺序显示服装名称、缩小版图像（30px×30px）、数量、小计价格，同时能够根据用户选购服装的件数和单价自动进行汇总计算，并显示在 section 下面的 span 标记中。如果用户重复选择（拖曳）某一服装，程序能够自动识别，并且不新增同样的服装，只是增加选购服装的数量和小计价格，同时重新计算总价。页面效果如图 13-12 所示。

（3）"清空我的购物车"按钮的功能是将 section 中无序列表中的列表项全部清空，同时将 section 标记下面的 span 标记中的总计置为"0.0"。

（4）程序名称为 project_13_1.html。

注意：由于 li 标记已经设置 draggable='true'，其中包裹的 img 标记需要 draggable='false'，这样拖曳图像和列表时才能正常操作。在服装列表中插入图像的 HTML 片段如下：

```
<ul>
    <!--用列表展示商品清单,用属性记录价格 -->
    <li id="product-1" data-price="69.00"><span>V领短袖T恤女修身纯白<img draggable="false" src="kwtz131/taobao13_3_1.jpg"></span></li>
</ul>
```

2. 使用 Web Worker 多线程技术实现查找用户输入的大于或等于 1000 以内的能同时被 13 和 17 整除的所有整数，并将结果显示在多行文本框中。初始页面如图 13-13 所示，单击"启动找数"按钮后的页面效果如图 13-14 所示。其要求如下：

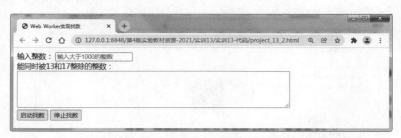

图 13-13　HTML5 多线程应用的初始页面

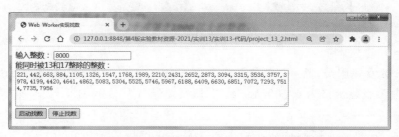

图 13-14　工作线程完成找数后的结果页面

（1）主线程设计。按图 13-13 所示的页面效果完成页面布局。输入整数文本框要求设置占位符，其信息为"输入大于 1000 的整数"，且内容不能为空；"启动找数"按钮的功能为先检查输入的整数是否大于或等于 1000，否则提示报错，如图 13-15 所示。当满足要求时，则将用户输入的整数传递给工作线程，然后工作线程接收信息，根据接收的数据，通过循环找出满足条件的所有整数，并存放到数组中，再将计算结果回传给主线程，主线程接收数据后显示在多行文本框中。

图 13-15　输入数据不符合要求时弹出告警提示框

（2）"停止找数"按钮的功能为将工作线程终止，并释放其占用的内在空间。

（3）程序名称为 project_13_2.html。

实践（课程设计）

第五部分　网站设计

"Web前端开发技术" 课程设计

"Web前端开发技术"课程设计

一、设计目的 ▶

"Web 前端开发技术"课程设计是软件工程、计算机科学与技术以及相关专业的重要的实践性教学环节,也是"Web 前端开发技术"专业课程后续的一门综合性的实训课程。课程设计的宗旨是使学生加深对 HTML5、CSS3、JavaScript 三大 Web 前端开发技术的理解与运用,掌握常用的 Web 前端开发工具和主流的网络浏览工具,利用三大主流技术解决 Web 前端开发中的一些实际工程问题,提高学生的 Web 前端开发的能力。

二、设计要求 ▶

1. 界面设计

根据网站功能的分析,确定使用的页面布局技术(表格、框架、DIV＋CSS,或者混合使用),进行页面设计,使网站功能齐全、界面美观大方,有一定的交互性。

2. 关键技术

明确使用哪些关键技术来解决实际问题,例如 CSS3、DIV、CSS MENU、jQuery、BootStrap 等第三方插件技术等。

3. 代码设计

在编写代码时必须对 HTML5、CSS3、JavaScript 等部分代码进行必要注释,以提高程序的可读性;同时代码采用锯齿结构(向右缩进方式),保持代码结构清晰;设计的网站中所涉及表单部分均需要对表单的输入项进行必要的有效性验证。

4. 选题要求

学生自愿选题,每 2～3 名学生为一组,不超过 3 名,每组设组长一名,负责组内任务的分工并组织交流与讨论,确保每名组员均有实际编程任务,各司其职,一周内共同完成课程设计任务。

5. 代码量要求

每组提交网站总代码量必须达到 12000 行以上,人均达到 4000 行以上。

6. 答辩与报告要求

每组学生各自提交一个可以实际运行的网站系统和课程设计报告。课程设计报告的封面参照实验报告模板,正文部分不少于 4000 字,内容包括网站功能分析、网站布局设计、网站开发采用的关键技术、开发工具简介、网站实现等,代码必须全部提交。

三、设计案例 ▶

以高校(Web 技术大学)、企业(江苏济世信息技术有限公司)、社会团体(太空市互联网协会)网站为例介绍 Web 网站设计与开发,重点讲授了网站设计与开发中常用的页面布局技术和导航菜单设计技术。通过 3 个典型案例的详细分析与讲授,可使学生能够熟练使用各种 Web 前端开发工具,掌握设计和开发常用的中小型网站的基本方法与技能,经过自身的努力与实践能够胜任与 Web 前端开发相关的工作。

任务 A 高校网站设计——Web 技术大学网站

1.任务概述

任务要求运用 DIV+CSS3+JavaScript+jQuery 完成 Web 技术大学网站的首页的设计,页面效果如图 A-1 所示。

从页面布局设计、内容编排、表现设计、交互与动态效果设计等多个方面完成高校网站设计。在高校网站首页中主要包含二级导航菜单、搜索栏、jQuery 旋转轮播式插件 CarouFredSel、Tab 选项卡等表现形式。

2.任务实施

(1)页面布局设计。

根据图 A-1 所示的页面效果设计网站首页的 DIV 结构,如图 A-2 所示。

图 A-1 Web 技术大学网站的首页

图 A-2　网站首页 DIV 分区图

（2）内容编排。

根据图 A-2 所示的 DIV 分区图分别设计每一个分区的内容、表现及互动效果。

① 头部设计。

头部包含 Logo 和顶部导航链接两部分，由 5 个图层构成，其中中间的 3 个图层分别插入 Logo、链接、中英文页面切换方式等。图层设置 float 属性，分别向左、向右浮动排列。

在类名称为.top_link 的图层中有 4 个链接，当鼠标盘旋时出现上下翻滚背景图像的效果。这通过 CSS 变换超链接和盘旋超链接的背景图像的样式来实现。每幅背景图像由两个相近的色块构成，如图 A-3 所示。

图 A-3　顶部超链接背景图像

默认超链接将背景设置为不重复、居左上部，盘旋超链接设置背景图像为不重复、居左底部，这样形成上下翻滚的效果。其代码如下：

```
1.   <!--  头部开始  -->
2.   < div class = "header">
3.       < div class = "top">
4.           < div class = "logo">
5.               < a href = "index.html">
6.                   < img src = "images/logo.jpg" width = "273" height = "63" /></a>
7.           </div>
8.           < div class = "top_link">
9.               < div class = "sfdr" id = "menu1">
10.                  < ul >
11.                      < li class = "abg1">
12.                          < a href = "https://www.bit.edu.cn/dhw/zxs/index.htm">在校生</a>
13.                      </li>
14.                      < li class = "abg2">
15.                          < a href = "https://www.bit.edu.cn/dhw/jzg/index.htm">教职工</a>
16.                      </li>
17.                      < li class = "abg3">
18.                          < a href = "https://www.bit.edu.cn/dhw/ks/index.htm">考 生</a>
```

```
19.                        </li>
20.                        < li class = "abg4">
21.                            < a href = "https://www.bit.edu.cn/dhw/dhxy/index.htm">校 友</a>
22.                        </li>
23.                    </ul>
24.                </div>
25.                < div class = "ya">
26.                    < a href = "index.htm">中文版</a>|< a href = " # " target = "_blank">
    ENGLISH</a>|
27.                        < a href = " # " target = "_blank" style = "color: # FF0000">信息公开</a>
28.                </div>
29.            </div>
30.        </div>
31. </div>
32. <!--   头部结束   -->
```

顶部菜单具有背景图像翻转效果,需要调用两个外部 JS 文件 jquery-1.12.0.js(最新版本)和 menuli.js。调用格式如下:

```
< script src = "js/jquery - 1.12.0.js" type = "text/javascript"></script>
< script src = "js/menuli.js" type = "text/javascript"></script>
```

外部 menuli.js 采用 jQuery 编程实现。其代码如下:

```
1.   // JavaScript Document
2.   /* menuli.js */
3.   $(document).ready(function() {          /* 定义 jQuery 函数 jqsxfg51nav */
4.       jQuery.jqsxfg51nav = function(jqsxfg51navhover) {
5.           $(jqsxfg51navhover).prepend("< span></span>");
6.           $(jqsxfg51navhover).each(function() {
7.               var linkText = $(this).find("a").html();
8.               $(this).find("span").show().html(linkText);
9.           });
10.
11.          $(jqsxfg51navhover).hover(function() {
12.              $(this).find("span").stop().animate({
13.                  marginTop: " - 26"
14.              }, 250);
15.          } , function() {
16.              $(this).find("span").stop().animate({
17.                  marginTop: "0"
18.              }, 250);
19.          });
20.      };
21.      //下面是调用方法,一个页面也可以调用很多次
22.      $.jqsxfg51nav(" # menu1 li");
23.  });
```

② JavaScript 导航菜单设计。

导航菜单由一级菜单和二级菜单构成。一级菜单水平排列,由学校概况、党群工作、人才培养、科学研究、师资队伍、学生工作、招生就业和国际交流构成。二级菜单是一个下拉菜单,例如将鼠标盘旋在"学校概况"上时弹出下拉菜单,如图 A-4 所示。

图 A-4　二级菜单效果图

采用 JavaScript 技术实现二级导航菜单。一级菜单采用无序列表方式呈现，二级菜单采用定义列表方式呈现（省略 dt 标记，仅用 dd 标记），并且将定义列表嵌套在列表项 li 标记中。给每一个 li 标记（即一级导航菜单）指派 onmouseover、onmouseout 事件句柄，并绑定事件处理函数，实现当鼠标在导航菜单上盘旋时显示二级子菜单 displaySubMenu(this)，当鼠标移开导航菜单时隐藏二级子菜单 hideSubMenu(this)。两个 JavaScript 函数的定义分别如下：

```
1.  function displaySubMenu(li){
2.  var subMenu = li.getElementsByTagName("dl")[0];      //获取列表项中所含的定义列表
3.  subMenu.style.display = "block";                     //设置列表样式的 display 属性为块,显示子菜单
4.  }
5.  function hideSubMenu(li){
6.   var subMenu = li.getElementsByTagName("dl")[0];     //获取列表项中所含的定义列表
7.  subMenu.style.display = "none";                      //设置列表样式的 display 属性为 none,隐藏子菜单
8.  }
```

二级导航菜单的代码如下：

```
1.  < div class = "nav">
2.      < ul >
3.        < li onmouseover = "displaySubMenu(this)" onmouseout = "hideSubMenu(this)">
4.          < a href = "#">学校概况</a>
5.          < dl >
6.              < dd >< a href = "#">校情概要</a></dd>
7.              < dd >< a href = "#">学校章程</a></dd>
8.              < dd >< a href = "#">历史沿革</a></dd>
9.              < dd >< a href = "#">学校领导</a></dd>
10.             < dd >< a href = "#">管理机构</a></dd>
11.             < dd >< a href = "#">教学单位</a></dd>
12.             < dd >< a href = "#">信息公开</a></dd>
13.             < dd >< a href = "#">校园文化</a></dd>
14.             < dd >< a href = "#">校园导游</a></dd>
15.          </dl >
16.        </li >
17.        < li onmouseover = "displaySubMenu(this)" onmouseout = "hideSubMenu(this)">
18.          < a href = "#">党群工作</a>
19.          < dl >
20.             < dd >< a href = "#">党建动态</a></dd>
21.             < dd >< a href = "#">工会教代会</a></dd>
22.             < dd >< a href = "#">学生会</a></dd>
23.             < dd >< a href = "#">研究生会</a></dd>
```

```
24.        <dd><a href = "#">Web技术大学社区</a></dd>
25.      </dl>
26.    </li>
27.    <li onmouseover = "displaySubMenu(this)" onmouseout = "hideSubMenu(this)">
28.      <a href = "gbrcpy/index.htm">人才培养</a>
29.      <dl>
30.        <dd><a href = "#">高职教育</a></dd>
31.        <dd><a href = "#">本科生教育</a></dd>
32.        <dd><a href = "#">研究生教育</a></dd>
33.        <dd><a href = "#">国际教育</a></dd>
34.        <dd><a href = "#">继续教育</a></dd>
35.        <dd><a href = "#">远程教育</a></dd>
36.        <dd><a href = "#">实验教学示范中心</a></dd>
37.      </dl>
38.    </li>
39.    <li onmouseover = "displaySubMenu(this)" onmouseout = "hideSubMenu(this)">
40.      <a href = "#">科学研究</a>
41.      <dl>
42.        <dd><a href = "#">科研管理</a></dd>
43.        <dd><a href = "#">科研队伍</a></dd>
44.        <dd><a href = "#">科研平台</a></dd>
45.        <dd><a href = "#">科研合作</a></dd>
46.        <dd><a href = "#">学科建设</a></dd>
47.        <dd><a href = "#">学术活动</a></dd>
48.        <dd><a href = "#">科技产业</a></dd>
49.      </dl>
50.    </li>
51.    <li onmouseover = "displaySubMenu(this)" onmouseout = "hideSubMenu(this)">
52.      <a href = "#">师资队伍</a>
53.      <dl>
54.        <dd><a href = "#">两院院士</a></dd>
55.        <dd><a href = "#">长江学者</a></dd>
56.        <dd><a href = "#">杰出人才</a></dd>
57.        <dd><a href = "#">教学名师</a></dd>
58.        <dd><a href = "#">人才招聘</a></dd>
59.      </dl>
60.    </li>
61.    <li onmouseover = "displaySubMenu(this)" onmouseout = "hideSubMenu(this)">
62.      <a href = "#">学生工作</a>
63.      <dl>
64.        <dd><a href = "#">学工动态</a></dd>
65.        <dd><a href = "#">学生党建</a></dd>
66.        <dd><a href = "#">心理健康</a></dd>
67.        <dd><a href = "#">学生资助</a></dd>
68.        <dd><a href = "#">特色工作</a></dd>
69.      </dl>
70.    </li>
71.    <li onmouseover = "displaySubMenu(this)" onmouseout = "hideSubMenu(this)">
72.      <a href = "#">招生就业</a>
73.      <dl>
74.        <dd><a href = "#">本科生招生</a></dd>
75.        <dd><a href = "#">研究生招生</a></dd>
76.        <dd><a href = "#">毕业生就业</a></dd>
77.        <dd><a href = "#">国际教育招生</a></dd>
78.        <dd><a href = "#">继续教育招生</a></dd>
```

```
79.            <dd><a href = "♯">远程教育招生</a></dd>
80.            <dd><a href = "♯">高等职业教育招生</a></dd>
81.          </dl>
82.        </li>
83.      < li onmouseover = "displaySubMenu(this)" onmouseout = "hideSubMenu(this)">
84.        < a href = "♯">国际交流</a>
85.          < dl>
86.            < dd><a href = "♯">管理机构</a></dd>
87.            < dd><a href = "♯">学生交流</a></dd>
88.            < dd><a href = "♯">工作通知</a></dd>
89.            < dd><a href = "♯">交流动态</a></dd>
90.            < dd><a href = "♯">留学生中心</a></dd>
91.          </dl>
92.        </li>
93.      </ul>
94.  </div>
```

③ 搜索栏设计。

为了便于网站访问者检索信息,一般网站首页都会设计搜索栏。"搜索"框内的默认值为"站内搜索",在获得焦点时自动清空,在失去焦点时,若无内容则自动赋值为默认值。其实现代码如下:

```
1.   < div class = "sea_box">
2.     < form name = "dataForm" class = "search" method = "post">
3.       < input class = "notxt" placeholder = "站内搜索" name = "query" type = "text" id = "query">
4.       < input class = "notxt1" name = "Submit" type = "button" value = "搜索" onclick = "" />
5.     </form>
6.   </div>
```

④ jQuery 插件实现图像轮播。

分别用两个图层来实现。第 1 个图层设置轮播项目,即设置若干个图像超链接;第 2 个图层设置轮播导航,即显示图像切换按钮"上一个"和"下一个"。需要导入 jQuery 插件等外部 JS 文件。格式如下:

```
< script src = "js/jquery.caroufredsel - 6.0.4 - packed.js" type = "text/javascript"></script>
< script type = "text/javascript" src = "js/focus.js"></script>
```

图像轮播图层代码设计。将需要轮播的图像通过超链接方式加入图层中,然后设计图层、超链接、图像的样式。无鼠标操作时,5s 自动轮播图像;通过左、右箭头实现图像的手动切换。其实现代码如下:

```
1.    < div class = "banner">
2.       < script type = "text/javascript" src = "js/jquery.caroufredsel - 6.0.4 - packed.js">
   </script>
3.       < script type = "text/javascript" src = "js/focus.js"></script>
4.       < div class = "banner_show" id = "banner_show">
5.         < a href = "♯" class = "bannger_inbox">
6.           < img src = "images/web - 1.jpg" width = "1400" height = "376" /></a>
7.         < a href = "♯" class = "bannger_inbox">
8.           < img src = "images/web - 2.jpg" width = "1400" height = "376" /></a>
```

```
9.          < a href = " # " class = "bannger_inbox">
10.             < img src = "images/web - 3. jpg" width = "1400" height = "376" /></a>
11.          < a href = " # " class = "bannger_inbox">
12.             < img src = "images/web - 4. jpg" width = "1400" height = "376" /></a>
13.          < a href = " # " class = "bannger_inbox">
14.             < img src = "images/web - 5. jpg" width = "1400" height = "376" /></a>
15.          < div class = "banner_pre_next">
16.             <a href = "javascript:;" class = "banner_btn_left">上一个</a>
17.             <a href = "javascript:;" class = "banner_btn_right">下一个</a>
18.          </div>
19.       </div>
20.    </div>
```

外部 focus. js 文件，主要用途是实现焦点图的切换。代码如下：

```
1.    / * 焦点图的切换 * /
2.    $(function(){
3.        var timer = 5000;
4.        var showtime = 800;
5.        var showbox = $("#banner_show");
6.        var inbox = $(".bannger_inbox");
7.        var movelist = $("#yq_banner_list");
8.        var s;
9.        var b = 0;
10.       var size = inbox.size();
11.       var play = 1;
12.       function move(){
13.           b++;
14.           if(b > size - 1){
15.               b = 0;
16.           }
17.           inbox.each(function(e){
18.               inbox.eq(e).hide(0);
19.               $("#banner_magbox" + e).hide();
20.               movelist.find("a").eq(e).removeClass("hover");
21.               if(e == b){
22.                   inbox.eq(b).fadeIn(showtime);
23.                   $("#banner_magbox" + b).show();
24.                   movelist.find("a").eq(b).addClass("hover");
25.               }
26.           });
27.       }
28.       s = setInterval(move,timer);
29.       function stopp(obj){
30.           $(obj).hover(function(){
31.               if(play){
32.                   clearInterval(s);
33.                   play = 0;
34.               }
35.           },function(){
36.               if(!play){
37.                   s = setInterval(move,timer);
38.                   play = 1;
39.               }
```

```
40.          });
41.      }
42.      stopp(".banner_show");
43.      $(".banner_btn_right").click(function(){
44.          move();
45.      });
46.
47.      $(".banner_btn_left").click(function(){
48.          b--;
49.          if(b<0){
50.              b = size-1
51.          }
52.          inbox.each(function(e){
53.              inbox.eq(e).hide(0);
54.              movelist.find("a").eq(e).removeClass("hover");
55.              if(e == b){
56.                  inbox.eq(b).fadeIn(showtime);
57.                  movelist.find("a").eq(b).addClass("hover");
58.              }
59.          });
60.      });
61.      movelist.find("a").click(function(){
62.          var rel = $(this).attr("rel");
63.          inbox.each(function(e){
64.              inbox.eq(e).hide(0);
65.              movelist.find("a").eq(e).removeClass("hover");
66.              $("#banner_magbox" + e).hide(0);
67.              if(e == rel){
68.                  inbox.eq(rel).fadeIn(showtime);
69.                  movelist.find("a").eq(rel).addClass("hover");
70.                  $("#banner_magbox" + rel).show(0);
71.              }
72.          });
73.      });
74.      $(".bannger_inbox").each(function(e){
75.          var inboxsize = $(".bannger_inbox").size();
76.          inboxwimg = $(this).find("img").width();
77.          $(".bannger_inbox").eq(e).css({"margin-left":(-1) * inboxwimg/2 + "px",
   "z-index":inboxsize-e});
78.      });
79.  });
80.  /* 新闻列表滚动 */
81.  $(function(){
82.      $('#carousel ul').carouFredSel({
83.          prev: '#prev',
84.          next: '#next',
85.          scroll: 1000
86.      });
87.  });
```

⑤ 主体内容设计。

主体内容设计主要包括技大新闻、新闻速览、校务公开、专题报道与媒体 Web 技大。

• 技大新闻。此部分采用图像超链接实现图文混排效果，3 个图层向左浮动。

- 新闻速览。

Tab选项卡设计。采用Tab选项卡实现在小区域内显示大量信息的功能。Tab选项卡（也称为"滑动门"）由选项卡标题菜单和主体显示区域构成。选项卡标题菜单一般用无序列表呈现，设置无序列表的class和id属性，并给每一个列表项指派onmouseover或者onclick事件句柄，绑定函数setTab(m,n)，设置第1个列表的class属性值为hover，通过CSS定义hover为块显示方式。指定选项卡信息显示区域是通过无序列表方式来显示对应的信息，然后在无序列表中嵌入div，在div内再嵌入定义列表，用定义列表加载超链接信息。其代码如下：

```
1.    < div id = "kx_news">
2.        < div id = "menu1box" class = "menu1box">
3.            < div id = "bmore1" class = "bmore1">
4.                < strong class = "current02"><a href = "♯">新闻网</a></strong>
5.                < strong ><a href = "♯">新闻网</a></strong>
6.                < strong ><a href = "♯">新闻网</a></strong>
7.            </div >
8.            < ul id = "menus1" class = "menu01">
9.                < li class = "hover" onmouseover = "setTab(1,0)">
10.                   < a href = "♯">
11.                       < h3 >技大新闻</h3>
12.                   </a>
13.               </li >
14.                < li onmouseover = "setTab(1,1)">
15.                   < a href = "♯">
16.                       < h3 >新闻速览</h3>
17.                   </a>
18.               </li >
19.                < li onmouseover = "setTab(1,2)">
20.                   < a href = "♯">
21.                       < h3 >校务公开</h3>
22.                   </a>
23.               </li >
24.           </ul >
25.       </div >
26.       < div class = "main1box">
27.           < div class = "main1" id = "main1">
28.               < ul class = "block">
29.                   < li >
30.                       < div class = "tab_list2">
31.                           < dl >
32.                               < dd ><a href = "♯">2021年度Web技术大学十大新闻揭晓</a></dd>
33.                               < dd ><a href = "♯">我校开展寒假前安全检查</a></dd>
34.                               < dd ><a href = "♯">我校在"精品思政课"大赛中再创佳绩</a></dd>
35.                               < dd ><a href = "♯">我校召开2021年学生工作考核集中汇报会</a></dd>
36.                               < dd ><a href = "♯">我校举办2021年度教师教学创新大赛</a></dd>
37.                               < dd ><a href = "♯">我校与八家企业签署校企合作协议</a></dd>
```

```
38.                    < dd >< a href = " ♯ ">我校教师在高校青年教师优质公共课教
    学竞赛中再创辉煌</a></dd>
39.                        </dl>
40.                      </div>
41.                    </li>
42.                 </ul>
43.                 < ul >
44.                   < li >
45.                     < div class = "tab_list2">
46.                       < dl >
47.                         < dd >< a href = " ♯ "> Web 技术大学 2021 年十大新闻 </a>
    </dd>
48.                           < dd >< a href = " ♯ "> Web 技术大学召开校园招聘会</a>
    </dd>
49.                         < dd >< a href = " ♯ ">深化改革,点燃 Web 技术大学高质量发展
    引擎 </a></dd>
50.                           < dd >< a href = " ♯ ">我校获 3 项 2021 年度省科研成果奖
    </a></dd>
51.                         < dd >< a href = " ♯ "> Web 技术大学召开党史学习教育总结会
    议</a></dd>
52.                         < dd >< a href = " ♯ "> Web 技术大学教育基金会召开首届理事
    会第一次会议</a></dd>
53.                         < dd >< a href = " ♯ "> Web 技 术 大 学 2022 年 新 年 贺 词
    </a></dd>
54.                         < dd >< a href = " ♯ ">Web 技术大学 2021 年中国－Web 行业联
    盟工作会议 </a></dd>
55.                       </dl>
56.                     </div>
57.                   </li>
58.                 </ul>
59.                 < ul >
60.                   < li >
61.                     < div class = "tab_list2">
62.                       < dl >
63.                         < dd >< a href = " ♯ "> 2022 年春季学期教材选用公示</a>
    </dd>
64.                         < dd >< a href = " ♯ "> 2021 届毕业生就业质量年度报告</a>
    </dd>
65.                         < dd >< a href = " ♯ ">太空市机器人创客大赛举行,160 支队伍
    上演巅峰对决</a></dd>
66.                         < dd >< a href = " ♯ ">我校获 3 项省教育厅高等教育教学教改
    立项课题</a></dd>
67.                         < dd >< a href = " ♯ ">关于申报 2021 年度高层次人才科研启动
    基金项目的通知</a></dd>
68.                         < dd >< a href = " ♯ ">关于申报省教育科学"十四五"规划 2021
    年度课题的通知</a></dd>
69.                         < dd >< a href = " ♯ ">关于 2021 年度科研成果登记审核工作的
    通知</a></dd>
70.                       </dl>
71.                     </div>
72.                   </li>
73.                 </ul>
74.             </div>
75.         </div>
76. </div>
```

在 banner.js 中定义 setTab(m,n)函数。代码如下所示：

```
1.    function setTab(m, n) {
2.        //参数说明:m 为选项卡数目,n 为当前选项卡编号
3.        //获取 id 为 menus + m 的无序列表中的所有 li 标记
4.        var tli = document.getElementById("menus" + m).getElementsByTagName("li");
5.        //获取 id 为 bmore + m 的图层中的所有 strong 标记
6.        var tmo = document.getElementById("bmore" + m).getElementsByTagName("strong");
7.    //获取 id 为 main + m 的图层 div 中的所有 ul 标记,ul 标记包含每一个选项卡需要显示的信息
8.        var mli = document.getElementById("main" + m).getElementsByTagName("ul");
9.        for (i = 0; i < tli.length; i++) {
10.           tli[i].className = (i == n) ? "hover" : "";     //设置指定的选项卡标题类名为
      hover,即激活
11.        mli[i].style.display = (i == n) ? "block" : "none";   //设置指定的选项卡的显
      示属性为块
12.           tmo[i].className = (i == n) ? "current02" : "";     //设置指定的选项卡的类名为
      current02
13.        }
14.    }
```

- 校务公开。主要通过 CSS 加载小图标和文字链接来实现。利用空 span 标记应用样式加载图标,累计 10 个超链接。其代码如下:

```
1.    < div class = "fw">
2.        < div class = "news_title">
3.            < h2 >校务公开< a href = "#">更多</a></h2 >
4.        </div >
5.        < div class = "fw_con">
6.            < a class = "icon1" href = "#">< span></span>治理结构</a>
7.            < a class = "icon2" href = "#">< span></span>机构导览</a>
8.            < a class = "icon3" href = "#">< span></span>综合服务</a>
9.            < a class = "icon4" href = "#">< span></span>校务办公</a>
10.           < a class = "icon5" href = "#">< span></span>教师主页</a>
11.           < a class = "icon6" href = "#">< span></span>信息公开</a>
12.           < a class = "icon7" href = "#">< span></span>图书资源</a>
13.           < a class = "icon8" href = "#">< span></span>电子邮件</a>
14.           < a class = "icon9" href = "#">< span></span>校园网络</a>
15.           < a class = "icon10" href = "#">< span></span>通知公告</a>
16.       </div >
17.   </div >
```

- 专题报道与媒体 Web 技大。通过图层嵌套来实现,先定义含有两个超链接导航图层,然后分别定义两个图层,通过无序列表存放信息,其中第 1 个图层默认为显示。其代码如下:

```
1.    < div class = "ztbd">
2.        < div class = "qie">
3.            < a class = "cur" href = "#">专题报道</a>
4.            < a href = "#">媒体 Web 技大</a>
5.        </div >
6.        < div class = "bd no1">
7.            < ul >
8.                < li >< span > 1 </span>< a href = "#"> Web 技术大学专题技术学习网站 </a></li>
9.                < li >< span > 2 </span>< a href = "#"> Web 技术大学教学平台 </a></li>
10.               < li >< span > 3 </span>< a href = "#"> Web 技术大学精品案例展 </a></li>
11.           </ul >
```

```
12.        </div>
13.        <div class = "bd">
14.            <ul>
15.                <li><span>1</span><a href = "#">Web技术大学人才交流大会</a></li>
16.                <li><span>2</span><a href = "#">Web技术大学就业率高</a></li>
17.                <li><span>3</span><a href = "#">IT企业进校园参观与技术交流</a></li>
18.            </ul>
19.        </div>
20.    </div>
```

专题报道需要引用外部JS文件tab3.js。引用格式如下：

```
<script src = "js/tab3.js" type = "text/javascript"></script>
```

外部JS文件tab3.js采用jQuery编程。内容如下：

```
1.    /* Tab选项卡切换 */
2.    window.onload = function() {
3.        $(".fuli").mouseenter(
4.            function() {
5.                $(this).addClass("cur").children(".menu").show().parent().
    siblings(".fuli").children(".menu")
6.                .hide();
7.            }
8.        );
9.        $(".fuli").mouseleave(
10.           function() {
11.               $(this).removeClass("cur").children(".menu").hide();
12.           }
13.       );
14.       $(".qie a").mouseenter(
15.           function() {
16.               $(this).addClass("cur").siblings("a").removeClass("cur").
    parent(".qie").siblings('.bd').eq( $(this)
17.                   .index()).show().siblings('.bd').hide();
18.           }
19.       );
20.       // wufeng(20);
21.   }
```

⑥ 底部设计。

分为4个子div，类名分别为sfdr2（通用链接）、fot_link（超链接）、fot_logo（事业单位
Logo）、fot_bq（版权）。其代码如下：

```
1.    <div class = "fot_wrap">
2.        <div class = "footer">
3.            <div class = "sfdr2">
4.                <a class = "abg1" href = "#">在校生</a>
5.                <a class = "abg2" href = "#">教职工</a>
6.                <a class = "abg3" href = "#">考 生</a>
7.                <a class = "abg4" href = "#">校 友</a>
8.            </div>
```

```
9.          < div class = "fot_link">
10.            < a href = " # ">领导信箱</a>
11.            < a href = " # " target = "_blank">招聘信息</a>
12.            < a href = " # ">联系我们</a>
13.            < a href = " # ">智慧 Web 技大</a>
14.          </div>
15.          < div class = "fot_logo">
16.            < table >
17.               < tr >
18.                  < td >< img src = "images/blue.png" width = "79" height = "64"/>
19.                  </td>
20.               </tr>
21.            </table >
22.          </div>
23.          < div class = "fot_bq">
24.            Web 技术大学 版权所有 地址：苏州希望小区通南大街 88 号 邮编：505606 < br/>
25.            服务邮箱：（内容）Webmaster@wtu.edu.cn（网络）service@wtu.edu.cn < br/>
26.            京 ICP 备 2022012209 号 京公网安备 2022011299 号
27.          </div>
28.       </div >
29.    </div >
```

（3）表现设计。

网站的所有样式文件统一写在外部 CSS 文件中，文件名为 style_web.css，通过链接外部样式表的方式插入 head 标记中。格式如下：

```
< link href = "css/style_web.css" type = "text/css" rel = "stylesheet"/>
```

样式文件 style_web.css 的内容如下：

```
1.   / *  style_web.css  * /
2.   @charset "utf - 8";        / *  设置编码格式  * /
3.   * {border:0px;padding:0px;margin:0px;}
4.   body{font - size:12px;font - family:"宋体";background: #FFF; margin: 0px auto}
5.   ul{list - style - type: none}
6.   li{list - style - type: none}
7.   a{text - decoration: none; color: #656464}
8.   a:hover{color: #095D40}
9.   .header{height:130px;width:1000px;position:relative;margin:0px auto; z - index: 99999}
10.  .top{overflow: hidden; height: 90px}
11.  .logo{width: 273px; float: left; padding - top: 15px}
12.  .top_link{height: 26px;font - family:"微软雅黑";width:511px;
13.          float: right; padding - top: 45px}
14.  .sfdr{overflow:hidden; height: 26px; width: 316px; float: left}
15.  .sfdr li{height: 26px; width: 67px; float: left;
16.          margin: 0px 5px; line - height: 26px}
17.  .sfdr a{font - size: 14px; height: 26px; width: 67px; float: left;
18.          color: #FFF; text - align: center; display: block; line - height: 26px;}
19.  .sfdr span{font - size:14px;height:26px;width:67px;float:left;color: #FFF;
20.          text - align: center; display: block; line - height: 26px;}
21.  .sfdr a:hover {color: #FFF}
22.  #menu1 li.abg1 a{background:url("../images/d_bg1.jpg") no - repeat left bottom;}
23.  #menu1 li.abg1 span{background:url("../images/d_bg1.jpg") no - repeat left top;}
```

```
24.    #menu1 li.abg2 a{background:url("../images/d_bg2.jpg") no-repeat left bottom;}
25.    #menu1 li.abg2 span{background:url("../images/d_bg2.jpg") no-repeat left top;}
26.    #menu1 li.abg3 a{background: url("../images/d_bg3.jpg") no-repeat left bottom;}
27.    #menu1 li.abg3 span{background:url("../images/d_bg3.jpg") no-repeat left top;}
28.    #menu1 li.abg4 a{background:url("../images/d_bg4.jpg") no-repeat left bottom;}
29.    #menu1 li.abg4 span{background: url("../images/d_bg4.jpg") no-repeat left top;}
30.    .ya{height:26px;width:185px;float:left;padding-left:10px;line-height: 26px;}
31.    .ya a{color: #707070;}
32.    .ya a:hover {color: #095D40;background: #FFFFFF;}
33.    /* 导航菜单 CSS 设置 */
34.    .nav{height:40px;width:810px;position:relative;float:left;z-index:2000;}
35.    .nav li{font-size:14px;font-family:"微软雅黑";width:70px;position:relative;
36.        float:left;z-index:2000; margin-right: 28px}
37.    .nav li a{background:url("../images/nav_libg.jpg") no-repeat right center; color:
       #000; display: block; line-height: 40px;height:40px;width:70px;}
38.    .nav li a:hover{
39.        background: url ("../images/nav_lihbg.jpg") no-repeat right center; color:
       #095D40;}
40.    .nav dl{height:auto;width:278px;background:#FFF;position: absolute;
41.        padding:0px 7px 12px 7px; left: 0px; top: 40px;
42.        filter: alpha(opacity = 80); opacity: 0.8;z-index: 2000; display: none;
43.    }
44.    .nav dl dd{width:139px;float:left;line-height:28px}
45.    .nav dl dd a{font-family:"微软雅黑";width:116px;
46.        background:url("../images/li_bg.jpg") no-repeat left center;
47.        color: #505050; padding-left: 14px;display: inline-block;}
48.    .nav dl dd a:hover{background: url("../images/li_hbg.jpg") no-repeat left center;
49.        color: #095D40}
50.    /* 搜索栏 CSS 设置 */
51.    .sea_box{right:0px;position:absolute;bottom:12px}
52.    .search{background:url("../images/sea_bg.jpg") no-repeat;
53.        position:relative;height:27px;width:177px;}
54.    .search input{border-style: none; height: 27px; width: 140px;
55.        background: none transparent scroll repeat 0% 0%;
56.        position: absolute;color: #828181;
57.        padding-left: 0px; left: 0px;line-height: 27px; top: 0px
58.    }
59.    .search input.notxt {color: #828181; padding-left: 7px;}
60.    .search input.notxt1{cursor: pointer;height: 27px; width: 30px;
61.    background: none transparent scroll repeat 0% 0%;
62.    border-style: none; position: absolute; left: 147px; top: 0px
63.    }
64.    /* 大图轮播 CSS */
65.    .banner{overflow: hidden; height:376px; width:100%;position: relative;}
66.    .none {display: none}
67.    .banner_show{overflow: hidden; height: 376px; width: 100%;
68.        position: relative; text-align: center}
69.    .bannger_inbox{position: absolute; left: 50%; top: 0px}
70.    .banner_pre_next {height: 30px; width: 100%; position: relative;
71.        left: 0px; margin: 0px auto; z-index: 105; top: 40%}
72.    .banner_pre_next a {background: url("../images/arrows.png") no-repeat;
73.        height: 30px; width: 30px;  text-indent: -999em;}
74.    .banner_pre_next .banner_btn_left {
75.        position: absolute; background-position: 0px 0px; left: 30px
76.    }
```

```
77.  .banner_pre_next .banner_btn_right {
78.     right: 30px; position: absolute; background-position: -30px 0px
79.  }
80.  /* 主要内容样式 */
81.  .content {overflow: hidden; width: 1000px; margin: 8px auto;}
82.  .bl_news {overflow: hidden; margin-bottom: 20px;
83.     height: 303px; width: 632px; float: left;}
84.  .news_title {overflow: hidden; height: 75px;}
85.  .news_title h2 {
86.     font-size: 18px; height: 75px; color: #000; line-height: 75px;
87.     font-family: "微软雅黑","黑体"; font-weight: normal;}
88.  .news_title h2 a {font-size: 12px; color: #878585; padding-left: 14px;}
89.  .news_title h2 a:hover {color: #095D40;}
90.  .news_con {height: 226px;border-top:1px solid #E4E4E4;
91.     border-bottom: 1px solid #E4E4E4;padding:0px 2px;}
92.  .new_box1 {
93.     overflow: hidden; height: 180px;border-right:1px solid #E4E4E4;
94.     width: 180px; float: left; padding:18px 17px 18px 0px;}
95.  .con_box img {height: 120px; width: 180px}
96.  .con_box h3 {padding: 20px 13px 0px 9px; line-height: 20px;font-size: 12px;
97.     overflow: hidden;  height: 40px; font-weight: normal;}
98.  .con_box h3 a {color: #656464; display: block;
99.     background: url("../images/li_bg.jpg") no-repeat right 30px;}
100. .con_box h3 a:hover {
101.    background: url("../images/li_hbg.jpg") no-repeat right 30px; color: #095D40
102. }
103. .new_box2 {padding:18px 17px ;border-right:1px solid #E4E4E4;
104.    overflow: hidden; height: 180px; width: 180px; float: left;}
105. .new_box3 {overflow: hidden; height: 180px; width: 180px;
106.    padding:18px 0px 18px 18px; float: left;}
107. /* 公共服务样式 */
108. .fw {height: 210px; width: 650px; float: left;
109.    margin-bottom: 37px; padding-bottom: 37px; ;}
110. .fw_con {padding:10px 25px;overflow: hidden; height: 180px;}
111. .fw_con a {width: 66px; height: 85px; text-align: center; display: block; font-
     size: 16px;
112.    font-family: "微软雅黑"; float: left;line-height: 24px; margin: 5px 20px;}
113. .fw_con a:hover span{box-shadow: 0px 0px 5px 5px #AAAAAA;
114.    border: 1px solid red;border-radius: 10px;transform: scale(1.3);
115.    background-color: #0000FF;}
116. .fw_con a span {height: 64px; width: 64px; display: block;
117.    border:1px dashed #FEFEFE;border-radius: 10px;}
118. .fw_con a.icon1 span {background: url("../images/icon_01.jpg") no-repeat center 50%}
119. .fw_con a.icon2 span {background: url("../images/icon_02.jpg") no-repeat center 50%;}
120. .fw_con a.icon3 span {background: url("../images/icon_03.jpg") no-repeat center 50%;}
121. .fw_con a.icon4 span {background: url("../images/icon_04.jpg") no-repeat center 50%;}
122. .fw_con a.icon5 span {background: url("../images/icon_05.jpg") no-repeat center 50%;}
123. .fw_con a.icon6 span {background: url("../images/icon_06.jpg") no-repeat center 50%;}
124. .fw_con a.icon7 span {background: url("../images/icon_07.jpg") no-repeat center 50%;}
125. .fw_con a.icon8 span {background: url("../images/icon_08.jpg") no-repeat center 50%;}
126. .fw_con a.icon9 span {background: url("../images/icon_09.jpg") no-repeat center 50%;}
127. .fw_con a.icon10 span {background: url("../images/icon_10.jpg") no-repeat
     center 50%;}
128. .ztbd {height: 210px; width: 237px; float: left;
129.    padding-bottom: 47px; margin: 0px 32px 47px; _margin: 0 25px 47px;}
```

```
130.  /*专题报道*/
131.  .qie{width: auto;height: 75px;overflow: hidden;line-height:75px;}
132.  .qie a{float: left;width:auto;height:75px;line-height:75px;
133.  margin-right: 11px;font-size:18px;color:#878585;font-family:"微软雅黑";text-
      align: center;}
134.  .qie a.cur{color:#000;}
135.  .bd {background: #FFF;height:210px;display: none;}
136.  .bd.no1{display: block;height:210px;overflow:hidden;}
137.  .bd ul li{height:53px;border-bottom:1px solid #E4E4E4;overflow:hidden;}
138.  .bd ul li span{float: left;margin:10px 0px 19px;width:24px;height:24px;background-
      color:#E1E1E1;color:#6E4401;font-family: Comic Sans MS;font-size:14px;line-
      height:24px;text-align:center;}
139.  .bd ul li a{font-family:"微软雅黑";color:#656464;display:block;float:left;padding:
      10px 10px 3px 22px;height:40px;line-height:20px;width:180px;}
140.  .bd ul li a:hover{color:#095D40}
141.  .news_title h2 a:hover { color: #000; }
142.  .news_title h2 a.right { font-size: 12px;color:#878585;padding-left: 14px;}
143.  /* 通知公告样式 */
144.  .tz_new {height: 190px; width: 206px; float: left;
145.      overflow: hidden; margin-bottom: 47px; padding-bottom: 47px;}
146.  .tz_con li span {font-size: 14px; height: 40px; width: 38px; float: left; color:
      #6E4401;
147.      text-align: center; margin: 10px 0px 19px; display: block; line-height: 20px;}
148.  .tz_con li span b {font-size: 12px; font-weight: normal;}
149.  .tz_con li a {height: 40px; width: 150px; float: left;
150.      display: block; line-height: 20px; padding: 10px 3px 3px 12px;}
151.  /* 底部 CSS 设置 */
152.  .fot_wrap {height: 100px; width: 100%; background: #EEEEEE;
153.      overflow: hidden; margin: 0px auto;}
154.  .footer {overflow: hidden; height: 76px; width: 1000px; margin: 0px auto; padding:
      12px 0px;}
155.  .sfdr2 {overflow: hidden; height: 76px;width: 210px; float: left;
156.      border-right:1px solid #8A8A8A;padding:0px 10px;}
157.  .sfdr2 a {font-size: 14px; height: 20px; width: 75px; float: left; color: #FFF;
158.      text-align: center; display: block; line-height: 20px; ;margin: 10px 11px;}
159.  .sfdr2 a.abg1 {background: #6E4401; ;}
160.  .sfdr2 a.abg1:hover {background: url("../images/a_bg5.jpg") no-repeat;}
161.  .sfdr2 a.abg2 {background: #095D40;}
162.  .sfdr2 a.abg2:hover {background: url("../images/a_bg6.jpg") no-repeat;}
163.  .sfdr2 a.abg3 {background: #C16C33;}
164.  .sfdr2 a.abg3:hover {background: url("../images/a_bg7.jpg") no-repeat;}
165.  .sfdr2 a.abg4 {background: #0D8B60;}
166.  .sfdr2 a.abg4:hover {background: url("../images/a_bg8.jpg") no-repeat;}
167.  .fot_link {overflow: hidden; height: 76px; border-right:1px solid #8A8A8A ;
168.      width: 165px; float: left; padding-left: 27px;}
169.  .fot_link a {height: 26px; width: 75px; float: left; color: #5B5A5A;
170.      margin: 8px 0px 0px; display: block; line-height: 26px;}
171.  .fot_link a:hover {color: #095D40}
172.  .fot_logo {height: 64px; border-right:1px solid #8A8A8A;
173.      padding:2px 25px 10px 25px; width: 79px; float: left;}
174.  .fot_bq {width: 429px; float: left; color: #5B5A5A;
175.      padding:4px 0px 0px 17px;line-height: 24px;}
176.  /* 新闻快讯样式 */
177.  #kx_news {overflow: hidden; margin-bottom: 20px; height: 303px; width: 328px; float:
      right;}
```

```
178. .menu1box {overflow: hidden; height: 75px; position: relative;}
179. .menu01 {height: 75px; width: 280px; position: absolute; left: 0px; z - index: 1;
     top: 0px;}
180. .menu01 li {overflow: hidden; height:75px;width:93px;float: left; line - height:75px;}
181. .menu01 li h3 {cursor: pointer; font - size: 18px; height: 46px; font - family: "微软雅
     黑"; width: 93px; float: left; font - weight: normal; text - align: center; margin - top:
     15px; line - height: 46px;}
182. .menu01 .hover h3 {height: 42px; width: 93px; font - weight: normal; color: #FFF; text -
     align: center; margin - top: 15px; line - height: 42px; background - color: #0E8B61;}
183. .menu01 li h3 a:hover {}
184. .main1box {overflow: hidden; width: 328px; clear: both;}
185. .main1box ul {display: none;}
186. .main1box ul.block {display: block;}
187. .main1box ul li {height: 235px; padding - bottom: 0px; padding - top: 0px; padding - left:
     0px; margin: 0px; padding - right: 0px;}
188. .tab_list2 dl dd {background: url("../images/li_bg.jpg") no - repeat left center; padding
     - left: 14px; margin - left: 4px; line - height: 26px;}
189. .tab_list2 dl dd span {height: 40px; width: 160px; float: left; display: block;}
190. .tab_list2 dl dd div {height: 40px; width: 560px; float: right;}
191. .tab_list2 dl dd div h2 {font - size: 14px; height: 30px; font - weight: bold; color:
     #1F4F7C; line - height: 30px;}
192. .tab_list2 dl dd div a {font - size: 14px; color: #4C4C4C; line - height: 30px;}
193. .bmore1 {height: 75px; width: 60px; float: right; padding - right: 0px;}
194. .bmore1 strong {font - size: 12px; height: 75px; width: 78px; float: right;
195.    font - weight: normal; display: none; line - height: 75px;}
196. .bmore1 strong a {font - size: 12px; height: 65px; width: 78px; color: #878585; text -
     align: left;
197.    display: block; line - height: 65px; ;padding: 10px 30px 1px 30px;}
198. .bmore1 strong a:hover {color: #095D40;}
199. .bmore1 strong.current02 {display: block;}
200. .bmore1 strong.current02 a:hover{color: #666666;}
```

任务B 企业网站设计——江苏济世信息技术有限公司网站

1．任务概述

任务要求运用 DIV＋CSS 3＋JavaScript＋jQuery 完成江苏济世信息技术有限公司网站的首页的设计，页面效果如图 B-1 所示。

从页面布局设计、内容编排、表现设计、交互与动态效果设计等多个方面完成企业网站设计。在企业网站的首页中主要包含二级导航菜单、搜索栏、jCarousel 滚动切换传输插件等表现形式。

2．任务实施

（1）页面布局设计。

根据图 B-1 所示的页面效果设计网站首页的 DIV 结构，如图 B-2 所示。

（2）内容编排。

根据图 B-2 所示的 DIV 分区图分别设计每一个分区的内容、表现及互动效果。

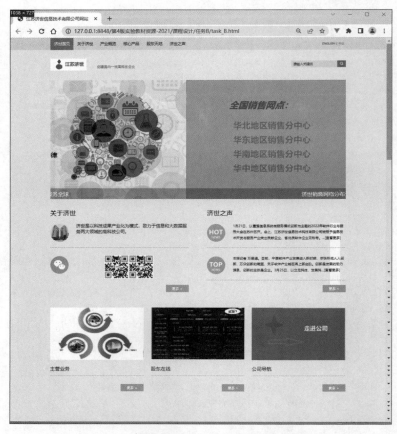

图 B-1　江苏济世信息技术有限公司网站的首页

导航
Logo及搜索栏
大图轮播
主体区域1
主体区域2
底部版权

图 B-2　网站首页 DIV 分区图

① 头部导航菜单设计。

头部包含下拉导航菜单和网页中、英文切换链接。其中包含两个图层,图层的类名分别为 top、content,菜单效果如图 B-3 所示。在类名为 content 的图层内设置导航菜单,一级水平导航菜单采用无序列表实现,每个列表项表示一个导航菜单,如果一级导航菜单有子菜单,在列表项 li 标记内包含一个子菜单图层,id 为 sub_menu,在子图层内插入若干个超链接表示二级下拉菜单,默认二级下拉菜单不显示,当鼠标盘旋时通过 jQuery 实现其显示。其代码如下:

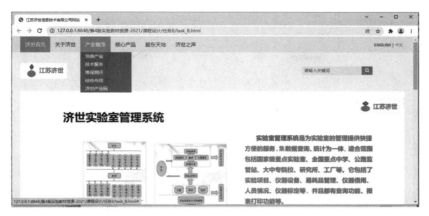

图 B-3 二级菜单效果图

```
1.    < div id = "top">
2.        < div class = "content">
3.            < ul class = "menu">
4.                < li>< a class = "on" href = "♯">济世首页</a></li>
5.                < li>< a rel = "1" href = "♯">关于济世</a>
6.                    < div id = "sub_menu">
7.                        < a href = "♯">公司简介</a>
8.                        < a href = "♯">主要产品</a>
9.                        < a href = "♯">发展路径</a>
10.                       < a href = "♯">企业荣誉</a>
11.                   </div>
12.               </li>
13.               < li>< a rel = "8" href = "♯">产业概览</a>
14.                   < div id = "sub_menu">
15.                       < a href = "♯">信息产业</a>
16.                       < a href = "♯">技术服务</a>
17.                       < a href = "♯">等保测评</a>
18.                       < a href = "♯">综合布线</a>
19.                       < a href = "♯">济世产业园</a>
20.                   </div>
21.               </li>
22.               < li>< a rel = "9" href = "♯">核心产品</a></li>
23.               < li>< a rel = "10" href = "♯">股东天地</a>
24.                   < div id = "sub_menu">
25.                       < a href = "♯">临时公告</a>
26.                       < a href = "♯">定期报告</a>
27.                       < a href = "♯">股市行情</a>
28.                       < a href = "♯">治理制度</a>
29.                   </div>
30.               </li>
31.               < li>< a rel = "11" href = "♯">济世之声</a>
32.                   < div id = "sub_menu">
33.                       < a href = "♯">济世新闻</a>
```

```
34.                    < a href = " # ">深度报道</a>
35.                    < a href = " # ">产业广场</a>
36.                    < a href = " # ">公告通知</a>
37.                </div >
38.            </li >
39.        </ul >
40.        < span class = "lan">< a href = " # " class = "f_arial"> ENGLISH </a >|< a href =
    " # " class = "fc_999">中文</a></span >
41.        </div >
42.    </div >
```

二级下拉菜单的显示通过名为 common.js 的外部 JS 文件实现。其代码如下：

```
1.    $(function() {
2.        //二级下拉菜单
3.        $(".menu li").hover(function() {
4.            $(this).children("div").show();
5.            $(this).children("a").addClass("on");
6.        }, function() {
7.            $(this).children("div").hide();
8.            $(this).children("a").removeClass("on")
9.        });
10.       //index
11.       $(".index .part2 .pic").hover(
12.           function() {
13.               $(this).children(".bg").fadeIn();
14.           },
15.           function() {
16.               $(this).children(".bg").hide();
17.           }
18.       )
19.       //搜索
20.       $(".input1").focus(function() {
21.           var a = $(this).val();
22.           $(this).addClass("input_hover");
23.           $(this).val("");
24.       }).blur(function() {
25.           $(this).removeClass("input_hover");
26.       });
27.   })
```

② Logo 及搜索栏设计。

主要由类名为 logo、search 的两个 div 构成。在第 1 个 div 里插入 Logo，在第 2 个 div 里插入一个表单。为了便于网站访问者检索信息，一般网站首页都会设计搜索栏，用表单来实现。"搜索"框内的默认值为"请输入关键词"，在获得焦点时自动清空，在失去焦点时，若无内容则自动赋值为默认值。其实现代码如下：

代码如下所示：

```
1.    < div class = "head">
2.        < div class = "logo">< a href = " # ">江苏济世</a>< span >创建国内一流高科技企业
    </span ></div >
3.        < div class = "search">
4.            < form action = "" method = "post">
```

```
5.              < input type = "hidden" name = "dopost" value = "search" />
6.              < input class = "input1" placeholder = "请输入关键词" type = "text" name = "q" />
7.              < input class = "ss" type = "button" name = "submit" value = "搜索" />
8.          </form>
9.      </div>
10. </div>
```

③ 用 jQuery 插件实现图像轮播。

jCarousel 是一款 jQuery 插件,用来控制水平或垂直排列的列表项。这些项目(可以是静态 HTML 内容或者 Ajax 加载内容)内容是可以来回滚动的(可以有动画效果),分别用两个图层来实现,第 1 个图层的类名为 banner,第 2 个图层的 id 为 rolldiv,作为图像切换滚动图层,需要导入 jQuery 及 jCarousel。格式如下:

```
1.  < script type = "text/javascript" src = "js/jquery.min.js"></script >
2.  < script type = "text/javascript" src = "js/xh_roll.js"></script >
3.  < script >
4.      $(function() {
5.          jQuery('#mycarousel').jcarousel({
6.              //每次滚动切换的图像数目为1,支持循环滚动显示,5秒钟内容自动滚动
7.              scroll: 1,
8.              wrap: 'circular',
9.              auto: 5
10.         });
11.     })
12. </script >
```

在 id 为 rolldiv 的图层中将需要轮播的图像和提示文字超链接通过无序列表标记加载。每一个 li 标记包含一个 p、两个 div。在 p 标记内插入需要轮播的图像,一个 div 设置背景,一个 div 中插入提示文字超链接。通过 CSS 加载背景图像,实现单击左、右箭头手动切换图像的效果。jCarousel 在 HTML 文档中基本的 HTML 标记结构如下:

```
1.  < div class = "banner">
2.      < div id = "rolldiv">
3.          < ul id = "mycarousel" class = "jcarousel – skin – tango">
4.              < li >
5.                  < p >< img src = "images/b1.jpg" width = "1200" height = "500" border =
    "0" /></p>
6.                  < div class = "bg"></div>
7.                  < div class = "tit"><a href = "#">济世人事管理系统普适天下</a></div>
8.              </li>
9.              < li >
10.                 < p >< img src = "images/b2.jpg" width = "1200" height = "500" border =
    "0" /></p>
11.                 < div class = "bg"></div>
12.                 < div class = "tit"><a href = "#">济世实验室管理系统上市</a></div>
13.             </li>
14.             < li >
15.                 < p >< img src = "images/b3.jpg" width = "1200" height = "500" border =
    "0" /></p>
16.                 < div class = "bg"></div>
17.                 < div class = "tit"><a href = "#">济世大数据智慧服务全球</a></div>
18.             </li>
```

```
19.                    <li>
20.                        <p><img src = "images/b4.jpg" width = "1200" height = "500" border =
"0" /></p>
21.                        <div class = "bg"></div>
22.                        <div class = "tit"><a href = "#">济世销售网络分布全国各地</a></div>
23.                    </li>
24.                </ul>
25.            </div>
26.    </div>
```

④ 主体内容设计。

主体内容设计主要包括关于济世、济世之声、主营业务、股东在线和公司导航。

- 主体区域 1。分左、右两个图层，图层中插入相关段落、文字、图像、超链接等。
- 主体区域 2。分左、中、右 3 个图层，图层中分别插入图像和文字。代码如下：

```
1.  <div class = "part1 clearfix">
2.      <div class = "fl">
3.          <h2>关于济世</h2>
4.          <div class = "content">
5.              <p class = "con1 f18 f_blue line1"><span><a href = "#">济世是以科技成果产
业化为模式,致力于信息和大数据服务两大领域的高科技公司。</a></span></p>
6.              <p class = "con2"><span><img height = "100px" src = "images/ma.png" />
7.                      <img height = "100px" src = "images/ma.png" /></span></p>
8.          </div>
9.          <div class = "more"><a href = "#" class = "btn_more">更多 &gt;</a></div>
10.     </div>
11.     <div class = "fr">
12.         <h2>济世之声</h2>
13.         <div class = "content">
14.             <p class = "con1 line1">
15.                 <a
16.                     href = "#">1 月 21 日,以重塑信息系统微服务模式创新为主题的 2022
年软件行业与服务大会在苏州召开。会上,江苏济世信息技术科技有限公司被授予信息技术开
发与服务产业突出贡献企业、省优质软件企业双称号。...</a>
17.                 <a href = "#">[查看更多]</a>
18.             </p>
19.             <p class = "con1 line1">
20.                 <a
21.                     href = "#">本报记者    万里通。目前,中国软件产业发展进入新时期,
尽快形成人人创新、万众创新的局面,关乎软件产业能否再上新台阶。创新是发展的动力源泉,
创新的主体是企业。3 月 25 日,以立足科技,发展科...</a>
22.                 <a href = "#">[查看更多]</a>
23.             </p>
24.         </div>
25.         <div class = "more"><a href = "#" class = "btn_more">更多 &gt;</a></div>
26.     </div>
27. </div>
28. <div class = "part2 clearfix">
```

```
29.        < div class = "fl con1">
30.            < a href = " # " class = "pic">< img src = "images/index1.jpg" width = "380"
    height = "220" />
31.                < span class = "bg"></span >
32.            </a>
33.            < h3 >< a href = " # ">主营业务</a></h3 >
34.            < p class = "info">< a href = " # "></a></p>
35.            < p class = "more">< a href = " # " class = "btn_more">更多 &gt;</a></p>
36.        </div>
37.        < div class = "fl con2">
38.            < a target = "_blank" href = " # " class = "pic">
39.                < img src = "images/index2.jpg" width = "380" height = "220" />
40.                < span class = "bg"></span >
41.            </a>
42.            < h3 >< a target = "_blank" href = " # ">股东在线</a></h3 >
43.            < p class = "info">< a href = "h# "></a></p>
44.            < p class = "more">< a href = " # " class = "btn_more">更多 &gt;</a></p>
45.        </div>
46.        < div class = "fr con3">
47.            < a href = " # " class = "pic">< img src = "images/index3.jpg" width = "380"
    height = "220" />
48.                < span class = "bg"></span >
49.            </a>
50.            < h3 >< a href = " # ">公司导航</a></h3 >
51.            < p class = "info">< a href = " # "></a></p>
52.            < p class = "more">< a href = " # " class = "btn_more">更多 &gt;</a></p>
53.        </div >
54.    </div>
```

⑤ 底部设计。

```
1.  < div id = "footer">
2.        < div class = "content">
3.            < div class = "fl">
4.                < p class = "fot_menu f16">
5.                    < a href = " # ">联系我们</a>< a href = " # ">招聘信息</a>
6.                </p>
7.                < p > &copy;2022 江苏济世股份有限公司版权所有 单位编号：999999999 </p>
8.                < p >苏 ICP 备 20220112001 号     苏公网安备 202201122002
    </p>
9.            </div>
10.           < div class = "clear"></div >
11.       </div >
12. </div >
```

（3）表现设计。

网站的所有样式文件统一写在外部 CSS 文件中，文件名为 common.css。通过链入外部样式表的方式插在 HTML 页面的头部。格式如下：

```
< link href = "css/common.css" type = "text/css" rel = "stylesheet" />
```

① 网站通用样式设置。

```
1.  @charset "utf - 8";
2.  * {margin:0; padding:0; border:0; list - style:none;}
```

```
3.    html {height:100%;}
4.    li {list-style-type:none;}
5.    a {text-decoration:none; outline:none; color:#333; border:none;}
6.    a, area {blr:expression(this.onFocus = this.blur())}
7.    a:hover {text-decoration:underline;}
8.     img {border:0;}
9.    body {color:#333; font-size:14px; line-height:1.8em; background:#F5F5F5; font-
      family: "微软雅黑"}
10.   a img {border:none;}
11.   .clear {clear:both;}
12.   .clearfix:after{content:"."; display:block; height:0; clear:both; visibility:hidden;}
13.   q:before, q:after {content:'';}
14.   .overhidden {overflow:hidden; display:inline-block;}
15.   .align_c {text-align:center;}
16.   .align_l {text-align:left;}
17.   .align_r {text-align:right;}
18.   .fl {float:left;}
19.   .fr {float:right;}
20.   .f_arial{font-family:Arial;}
21.   .fc_999{color:#999;}
22.   .f16{font-size:16px;}
23.   .f18 {font-size:18px;}
24.   .f_blue{color:#00B0F0;}
25.   h2{font-size:26px; color:#000; line-height:40px; font-weight:normal;}
26.   h2.com1{margin-bottom:15px;}
27.   h3{font-size:20px; color:#000; line-height:30px; font-weight:normal;}
28.   h3.com1{margin-bottom:15px;}
29.   .line1{background:url("../images/line.gif") 0 100% repeat-x;}
30.   .more{height:30px;}
31.   .btn_more{float:right; height:30px; line-height:30px; color:#FFF; padding:0 25px;
      background:#BCBCBC;}
32.   .btn_more:hover{text-decoration:none; background:#1AB7F1;}
```

② 顶部菜单样式设置。

```
1.    #top{background:#E9E9E9; height:50px; line-height:50px;}
2.    #top.content {background:#E9E9E9; height:50px; line-height:50px; width:1200px;
      margin:0 auto;}
3.    #top.menu{float:left;}
4.    #top.menu li{float:left; position:relative; z-index:3;}
5.    #top.menu li a{display:block; width:94px; text-align:center; color:#333; font-
      size:16px;}
6.    #top.menu li a:hover, #top .menu li a.on{background:#1AB7F1; color:#FFF; text-
      decoration:none;}
7.    #top #sub_menu{display:none; width:160px; position:absolute; left:0; top:50px;
      overflow:hidden;}
8.    #top #sub_menu a{height:26px; line-height:26px; font-size:14px; width:160px; color:
      #FFF; display:block; text-indent:15px; background:#707070; text-align:left;}
9.    #top #sub_menu a:hover{background:#ADADAD;}
10.   #top.lan{float:right; font-size:12px;}
11.   #top.lan a{margin:0 5px;}
```

③ Logo 及搜索栏样式设置。

```
1.   .head {height:125px;}
2.   .head.logo{float:left; padding-top:35px; width:500px;}
3.   .head.logo a{float:left; width:180px; height:50px; background: url("../images/common1.
     png") 0 0px no-repeat; text-indent:-999px; overflow:hidden;}
4.   .head.logo span{float:left; color:#1AB7F1; padding:22px 0 0 10px;}
5.   .head.search{float:right; padding-top:45px;}
6.   .head.search.input1{width:170px; height:28px; line-height:28px; padding:0 8px; background:
     #E9E9E9; float:left;}
7.   .head.search.ss{width:35px; height:28px; float:left; text-indent:-999px; overflow:
     hidden; background:url("../images/common1.png") 0 -70px no-repeat;}
8.   .head.search.ss:hover{background-position:-44px -70px;}
```

④ 图像轮播样式设置。

```
1.   #main.banner{margin-bottom:40px; position:relative;}
2.   .banner.text{color:#FFF; position:absolute; left:20px; top:50px; width:280px;}
3.   .banner.text h2{color:#FFF; font-size:40px; line-height:50px;}
4.   .banner.text h3{color:#FFF; font-size:25px; line-height:25px;}
5.   .banner.text p{line-height:1.6em;}
6.   #main {width:1200px; margin:0 auto; margin-bottom:150px;}
7.   #rolldiv {width:1200px; height:500px; overflow:hidden;}
8.   #rolldiv * {padding:0; margin:0; font-size:12px; line-height:18px;}
9.   #rolldiv.jcarousel-skin-tango.jcarousel-container {overflow:hidden; _display:inline-
     block;}
10.  #rolldiv.jcarousel-skin-tango.jcarousel-clip {overflow: hidden;}
11.  /* 滚动区域大小 */
12.  #rolldiv.jcarousel-skin-tango.jcarousel-clip-horizontal {width:1200px;}
13.  /* li 样式 */
14.  #rolldiv.jcarousel-skin-tango.jcarousel-item {text-align:center;width: 1200px;
     height:500px}
15.  #rolldiv.jcarousel-skin-tango.jcarousel-item-horizontal {margin-left:0; margin
     -right: 0;}
16.  #rolldiv.jcarousel-skin-tango.jcarousel-next-horizontal {position: absolute; top:
     450px; right: 0px; width: 35px; height: 50px; cursor: pointer; background: url("../
     images/arrow.png") -44px 11px no-repeat; z-index:5;}
17.  #rolldiv.jcarousel-skin-tango.jcarousel-prev-horizontal {position: absolute; top:
     450px; left: 0; width: 35px; height: 51px; cursor: pointer; background:url("../images/
     arrow.png") 15px 11px no-repeat;z-index:5;}
18.  #rolldiv.jcarousel-skin-tango.jcarousel-next-horizontal:hover {background-
     position:-44px -42px;} /* 表示水平方向切换图像 */
19.  #rolldiv.jcarousel-skin-tango.jcarousel-prev-horizontal:hover {background-
     position:15px -42px;} /* 表示水平方向切换图像 */
20.  #rolldiv #mycarousel li {position: relative; z-index:2;}
21.  #rolldiv #mycarousel.bg {background-color: #000000; height: 50px; width: 1200px;
     position: absolute; opacity: 0.2; filter:alpha(opacity=20); left: 0; bottom: 0;}
22.  #rolldiv #mycarousel.tit a {font-size: 22px; color: #FFFFFF; text-decoration: none;
     text-align: center; height: 50px; width: 1200px; line-height: 50px; position:
     absolute; left: 0; bottom:0;}
```

⑤ 主体区域1、主体区域2样式设置。

```
1.   .index.part1 {padding - bottom:65px;}
2.   .index.part1.fl{width:563px;}
3.   .index.part1.fr{width:563px;}
4.   .index.part1 h2{margin - bottom:20px;}
5.   .index.part1.fl.content{height:260px;}
6.   .index.part1.fl.con1{padding - bottom:25px; margin - bottom:30px;}
7.   .index.part1.fl.con1 span{background:url("../images/lou.png") 0 5px no - repeat;padding
     - left:105px;display:block; min - height:80px}
8.   .index.part1.fr.content{background:url("../images/common1.png") 0 - 408px no - repeat;
     height:260px;}
9.   .index.part1.fr.con1{height:75px;padding - bottom:30px; margin - bottom:30px; padding -
     left:105px;}
10.  .index.part1.fr.con2{padding - left:105px;}
11.  .index.part1.fl.con2 span{background:url("../images/weixin.png") 0 5px no - repeat;
     padding - left:75px;display:block; min - height:80px;text - align:center}
12.  .index.part2.fl{width:380px; margin - right:30px; position:relative;}
13.  .index.part2.fr{width:380px; position:relative;}
14.  .index.part2.pic.bg{position:absolute; left:0; top:0; width:380px; height:220px;
     background:#FFF; z - index:3;opacity:0.7; filter:alpha(opacity = 70); display:none;}
15.  .index.part2 h3{line - height:60px; background:url("../images/line.gif") 0 100% repeat
     - x; margin - bottom:15px;}
16.  .index.part2.info{color:#999;}
17.  .index.part2.info a{color:#999;}
18.  .index.part2.more{padding - top:20px;}
19.  /*对主营业务、股东在线、公司导航部分新增 CSS3 过渡及转换效果 */
20.  .fl,.fr{overflow: hidden;}
21.  .fl a img,.fr a img{overflow: hidden;transition: all 0.5s;}
22.  .fl a:hover img,.fr a:hover img{transform: scale(1.3,1.3);}
```

⑥ 底部版权区样式设置。

```
1.   #footer{background:#E9E9E9; height:160px; color:#8E8E8E;width:100%}
2.   #footer.content{width:1200px; margin:0 auto; padding - top:30px;}
3.   #footer.fot_menu {padding - bottom:10px;}
4.   #footer.fot_menu a{color:#333; margin - right:20px;}
```

⑦ 屏幕宽度小于1200px时 small.css 的内容。

```
1.   @charset "utf - 8";
2.   /*框架*/
3.   #top{background:#E9E9E9; height:50px; line - height:50px;}
4.   #top.content{width:984px;}
5.   #main {width:984px; overflow:hidden;}
6.   #footer.content{width:984px;}
7.   /*通用*/
8.   .list3pic li {width: 260px; overflow: hidden; margin - right: 20px; display: inline;
     background:#E9E9E9; text - align:center; height:330px;}
9.   .list3li li{width:200px; height:165px; margin:15px 0; margin - right:15px; overflow:
     hidden;}
10.  .list3li li.bg{width:200px;}
11.  .list3li li.text{width:200px;}
```

```
12.    /* index */
13.    .index.part1 {padding-bottom:65px;}
14.    .index.part1.fl{width:455px;}
15.    .index.part1.fr{width:455px;}
16.    .index.part1.fl .content{height:360px;}
17.    .index.part1.fr .content{height:360px;}
18.    .index.part2.fl{width:308px; overflow:hidden;}
19.    .index.part2.fr{width:308px; overflow:hidden;}
20.    .index.part2.pic.bg{width:308px; height:220px;}
21.    #rolldiv {width:984px;}
22.    #rolldiv.jcarousel-skin-tango.jcarousel-clip-horizontal {width:984px;}
23.    #rolldiv.jcarousel-skin-tango.jcarousel-item {width: 984px;}
24.    #rolldiv #mycarousel.bg {width: 984px;}
25.    #rolldiv #mycarousel.tit a {width: 984px;}
26.    /* zy */
27.    .zy.conRight{width:824px;}
28.    .zy.conL1{width:630px; overflow:hidden;}
29.    .zy.conL2{width:690px; overflow:hidden;}
30.    .zy.conL3{width:642px;}
31.    .zy.conR1{float:right; width:296px;}
32.    .zy.conR2{float:right; width:268px;}
33.    .zy.conR3{float:right; width:240px;}
34.    .zy.conR4{float:right; width:180px;}
35.    .zy.conR5{float:right; width:215px;}
36.    .zy.conR6{float:right; width:296px;}
37.    .gytf4.tab_tit li{width:260px; margin-right:20px;}
38.    .cygk.part1 ul{width:970px;}
39.    .cygk.part1 li{width:221px; overflow:hidden;}
40.    .picarea2.pos_div{width:480px; margin-right:24px; overflow:hidden;}
41.    .picarea3.con{width:312px; margin-right:20px; overflow:hidden;}
42.    .gdtd.part1 td{padding-left:15px;}
43.    .gdtd.part1.td_bg{background:none; line-height:35px; color:#FFF; width:105px;}
44.    .gdtd.part1.td_bg span{background:url(../img/common1.png) 0 -136px no-repeat;
       display:block; overflow:hidden;}
45.    .hxnl.part2.fl{width:460px;}
46.    .hxnl.list3pic li{width:310px; overflow:hidden; margin-right:20px; display:inline;
       background:#E9E9E9; text-align:center; height:330px;}
47.    .lxwm.conR2{margin-top:580px;}
48.    .lxwm.conL2{width:690px; overflow:inherit;}
49.    .page a{padding:0 6px; margin-right:5px; background:#BCBCBC; color:#FFF;}
50.    .page.wy{margin-right:20px;}
51.    .show_tfzs.conL1{width:590px; overflow:hidden;}
52.    .tfzs.conL1{width:590px; overflow:hidden;}
53.    .tfzs3.conL1{width:590px; overflow:hidden;}
54.    .tfzs3.sp_list li{width:190px;  margin-right:10px; overflow:hidden;}
55.    .tfzs3.sp_list li.pic{width:190px;}
56.    .tfzs3.sp_list li.bg{width:190px; background:url(../img/sp_bg.png) 50% 0;}
57.    .xlc{margin-right:10px;}
58.    .zpxx.conL1{width:680px; overflow:hidden;}
```

同时需要在头部 head 标记内插入外部 autowidth.js 文件。格式如下：

```
<script type="text/javascript" src="js/autowidth.js"></script>
```

任务C 社会团体网站设计——太空市互联网协会网站

1．任务概述

任务要求运用HTML5新增结构元素、表格、CSS3、JavaScript等技术完成太空市互联网协会网站的首页设计，页面效果如图C-1所示。

太空市互联网协会
首页
协会动态
会员中心
互联网+
行业政策
互联网研究院
关于协会
科技创造未来
协会动态
Association dynamics

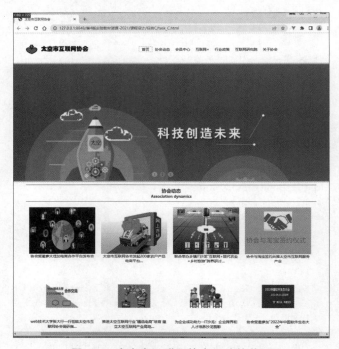

图C-1 太空市互联网协会网站的首页

从页面布局设计、内容编排、表现设计、动态、交互式效果设计等多个方面完成社会团体网站设计。在社会团体网站首页中主要包含一级导航菜单、纯CSS3和jQuery焦点图滚动切换、纯CSS3动感图像新闻、版权区域导航等表现形式。

2．任务实施

（1）页面布局设计。

根据图C-1所示的页面效果设计网站首页布局结构，共分为7个区域，分别定义7个区域的样式，完成布局外观设计，如图C-2所示。

Logo及一级导航区域
CSS3焦点图轮播区
协会动态内容显示区
新闻资讯内容显示区
协会联系内容显示区
合作伙伴内容显示区
版权及联系我们内容显示区

图C-2 网站首页布局图

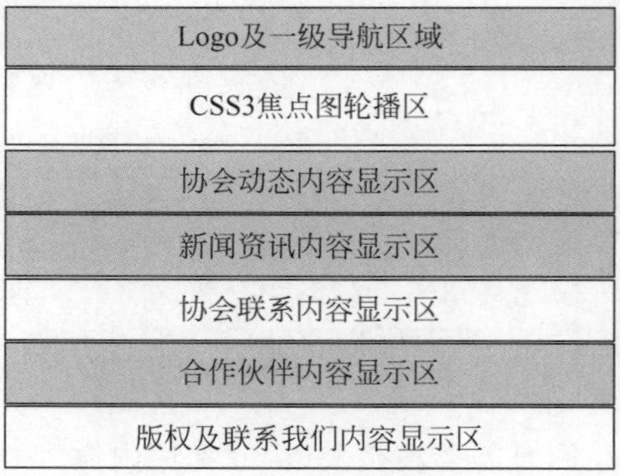

（2）内容编排。

根据图C-2所示的区域图分别设计每一个分区的内容、表现及互动效果。

① Logo及一级导航区域设计。

头部包含一级导航菜单和Logo。header标记中包含两个div，其id分别为logo、nav1，效果如图C-3所示。在id为nav1的div中设置一

级水平导航菜单。采用无序列表实现,每个列表项表示一个导航菜单;在 id 为 logo 的 div 中设置 Logo 图像超链接。实现代码如下。

图 C-3　网站 Logo 及一级导航区域设计效果图

```
1.    < header id = "header">
2.        < div id = "logo">
3.            < a href = " # ">< img src = "images/logo.png" width = "270px" /></a>
4.        </div>
5.        < div id = "nav1">
6.            < ul class = "">
7.                < li class = "active">
8.                    < a href = " # ">< span>首页</span></a>
9.                </li>
10.               < li >
11.                   < a href = " # ">< span>协会动态</span></a>
12.               </li>
13.               < li >
14.                   < a href = " # ">< span>会员中心</span></a>
15.               </li>
16.               < li >
17.                   < a href = " # ">< span>互联网 +</span></a>
18.               </li>
19.               < li >
20.                   < a href = " # ">< span>行业政策</span></a>
21.               </li>
22.               < li >
23.                   < a href = " # ">< span>互联网研究院</span></a>
24.               </li>
25.               < li >
26.                   < a href = " # ">< span>关于协会</span></a>
27.               </li>
28.           </ul>
29.       </div>
30.   </header >
```

② 用纯 CSS3 实现焦点图轮播。

利用 CSS3 动画(animation)属性给图像定义动画关键帧。在两个 div 中分别采用无序列表装载 3 幅图和 3 个序号,页面效果如图 C-4 所示。外图层 div 的类名为 container,内包含一个 class 为 img 的图层,其中又包含一个 class 为 bg 的 div。分别在 class 为 nav 的无序列表 ul 和 id 为 lp 的列表项上绑定动画 myfirst、myfirstArr,然后定义关键帧,完成动画。代码如下:

```
1.    < div class = "container">
2.        < div class = "img">
3.            < ul class = "nav">
4.                <!-- 绑定动画 myfirst 15.5s infinite-->
```

```
5.          <li><a href = " # "><img src = "images/t3_pic_1.jpg"></a></li>
6.          <li><a href = " # "><img src = "images/t3_pic_2.jpg"></a></li>
7.          <li><a href = " # "><img src = "images/t3_pic_3.jpg"></a></li>
8.      </ul>
9.      <div class = "bg">
10.         <ul class = "bg_in">
11.             <li>1</li>
12.             <li>2</li>
13.             <li>3</li>
14.             <li id = "lp"></li><!-- 绑定动画 myfirstArr 15.5s infinite -->
15.         </ul>
16.     </div>
17.    </div>
18. </div>
```

图 C-4　用纯 CSS3 实现的焦点图切换的效果

③ 协会动态内容显示区。

采用图层和表格实现局部布局。利用 CSS3 的转换、过渡及动画分别定义此区域中图像的整体盘旋动画和单个图像的盘旋动画。在一个 class 为 move 的 div 中插入 3 行 4 列的表格，单元格中分别插入图层、图像和段落，页面效果如图 C-5 所示。代码如下：

图 C-5　协会动态局部页面效果图

```
1.   < div id = "xh">
2.        < section id = "section_center">
3.             < hgroup >
4.                  < h1>协会动态</h1 >
5.                  < h3 > Association dynamics </h3 >
6.             </hgroup >
7.        </section >
8.   </div >
9.   < div class = "move">
10.       < table align = "center" cellpadding = "10px">
11.            < tr >
12.                 < td >
13.                      < div >< img src = "images/t3_1.png"/></div >
14.                      < p>协会受邀参太佳加电商合作平台发布会</p>
15.                 </td >
16.                 < td >
17.                      < div >< img src = "images/t3_2.png"/></div >
18.                      < p>太空市互联网协会发起 200 家农户产品电商平台…</p>
19.                 </td >
20.                 < td >
21.                      < div >< img src = "images/t3_3.jpg"/></div >
22.                      < p>联合举办乡镇 IT 沙龙"互联网 + 现代农业 + 乡村旅游"跨界研讨…</p>
23.                 </td >
24.                 < td >
25.                      < div >< img src = "images/t3_4.jpg"/></div >
26.                      < p>协会与淘宝签约共推太空市互联网服务产业</p>
27.                 </td >
28.            </tr >
29.            < tr >
30.                 < td >
31.                      < div >< img src = "images/t3_5.jpg"/></div >
32.                      < p>Web 技术大学张大行一行莅临太空市互联网协会调研指…</p>
33.                 </td >
34.                 < td >
35.                      < div >< img src = "images/t3_6.jpg"/></div >
36.                      < p>推进太空互联网行业"精品电商"培育 建立太空互联网产业高地…</p>
37.                 </td >
38.                 < td >
39.                      < div >< img src = "images/t3_7.jpg"/></p>
40.                      </div >
41.                      < p>为企业成功助力 -- IT 沙龙:企业跨界和人才培养沙龙剪影</p>
42.                 </td >
43.                 < td >
44.                      < div >< img src = "images/t3_8.jpg"/></div >
45.                      < p>协会受邀参加"2022 年中国软件生态大会"</p>
46.                 </td >
47.            </tr >
48.            < tr >
49.                 < td colspan = "4" id = "a1" class = "a0">
50.                      < a href = " # ">< span>更多内容</span ></a >
51.                 </td >
52.            </tr >
53.       </table >
54.  </div >
```

④ 新闻资讯内容显示区。

采用图层和表格实现局部布局。利用 CSS3 的转换、过渡及动画分别定义此区域中图像的整体盘旋动画和单个图像的盘旋动画。在一个 class 为 move 的 div 中插入 3 行 4 列的表格，单元格中分别插入图层、图像和段落，页面效果如图 C-6 所示。代码如下：

图 C-6　新闻资讯局部页面效果图

```
1.   < div id = "xw">
2.       < section id = "section_center">
3.           < hgroup >
4.               < h1 > 新闻资讯</h1 >
5.               < h3 > News information </h3 >
6.           </ hgroup >
7.       </ section >
8.   </ div >
9.   < div class = "move">
10.      < table align = "center" cellpadding = "10px">
11.          < tr >
12.              < td >
13.                  < div >< img src = "images/txw3_1.png"/></div >
14.                  < p >"共享农业": 不一样的共享经济</p >
15.              </ td >
16.              < td >
17.                  < div >< img src = "images/txw3_2.jpg"/></div >
18.                  < p >共享云推动社交电商崛起 </p >
19.              </ td >
20.              < td >
21.                  < div >< img src = "images/txw3_3.jpg"/></div >
22.                  < p >共享电商平台: 促进农产品销售…</p >
23.              </ td >
24.              < td >
25.                  < div >< img src = "images/txw3_4.jpg"/></div >
26.                  < p >互联网协会发展智慧养猪</p >
27.              </ td >
28.          </ tr >
29.          < tr >
30.              < td >
31.                  < div >< img src = "images/txw3_5.jpg"/></div >
32.                  < p >农村电商 20 年:农民开创农村电商新纪…</p >
33.              </ td >
```

```
34.        < td >
35.            < div >< img src = "images/txw3_6.jpg"/></div >
36.            < p >互联网 + 智慧超市…</p >
37.        </td >
38.        < td >
39.            < div >< img src = "images/txw3_7.jpg"/></p >
40.            </div >
41.            < p >"绿色 + 智能"成制造业下一个风口</p >
42.        </td >
43.        < td >
44.            < div >< img src = "images/txw3_8.jpg"/></div >
45.            < p >用"互联网 + "重塑农业竞争优势 </p >
46.        </td >
47.    </tr >
48.    < tr >
49.        < td colspan = "4" id = "a2" class = "a0">
50.            < a href = "#"">< span >更多内容</span ></a >
51.        </td >
52.    </tr >
53.    </table >
54. </div >
```

⑤ 协会联系内容显示区。

采用文章 article 和表格实现局部布局。利用 CSS3 的转换、过渡对此区域中的所有图像定义盘旋时放大图像的效果。在一个 id 为 rhxx 的 article 中插入 1 行 4 列的表格，单元格中分别插入图层、标题组、标题字、图像，页面效果如图 C-7 所示。代码如下：

图 C-7　协会联系局部页面效果图

```
1.  < article id = "rhxx">
2.      < table align = "center" cellspacing = "5px" width = "900px" height = "100px">
3.          < tr >
4.              < td >
5.                  < div class = "rh">< img src = "images/ticon3_1.png"/>
6.                      < hgroup >
7.                          < h2 >协会规章</h1 >
8.                          < h4 > association system </h3 >
9.                      </hgroup >
10.                 </div >
11.             </td >
12.             < td >
13.                 < div class = "rh">< img src = "images/ticon3_2.png"/>
14.                     < hgroup >
15.                         < h2 >申请入会</h2 >
16.                         < h4 > Apply for membership </h4 >
17.                     </hgroup >
18.                 </div >
19.             </td >
20.             < td >
21.                 < div class = "rh">< img src = "images/ticon3_3.png"/>
```

```
22.                    < hgroup >
23.                        < h2 >组织架构</h2 >
24.                        < h4 > Organizational </h4 >
25.                    </hgroup >
26.                  </div >
27.              </td >
28.              < td >
29.                  < div class = "rh">< img src = "images/ticon3_4.png"/>
30.                    < hgroup >
31.                        < h1 >联系我们</h1 >
32.                        < h3 > Contact us </h3 >
33.                    </hgroup >
34.                  </div >
35.              </td >
36.          </tr >
37.      </table >
38. </article >
```

⑥ 合作伙伴内容显示区。

采用图层嵌套实现局部布局。利用 jQuery、CSS3 的转换和过渡对此区域中的所有图像实现轮播效果。在此期间使用两个 JavaScript 文件，分别为 jquery-1. 10. 1. min. js、idangerous. swiper. min. js，使用两个 CSS 文件，分别为 idangerous_swiper. css、slide. css。页面效果如图 C-8 所示。代码如下：

图 C-8　合作伙伴局部页面效果图

```
1.  < div class = "device">
2.      < div class = "swiper – container">
3.          < div class = "swiper – wrapper">
4.              < div class = "swiper – slide">
5.                  < div class = "title">< img src = "images/tf3_1.jpg"></div >
6.              </div >
7.              < div class = "swiper – slide">
8.                  < div class = "title">< img src = "images/tf3_2.jpg"></div >
9.              </div >
10.             < div class = "swiper – slide">
11.                 < div class = "title">< img src = "images/tf3_3.jpg"></div >
12.             </div >
13.             < div class = "swiper – slide">
14.                 < div class = "title">< img src = "images/tf3_4.jpg"></div >
15.             </div >
16.             < div class = "swiper – slide">
17.                 < div class = "title">< img src = "images/tf3_5.jpg"></div >
18.             </div >
19.             < div class = "swiper – slide">
20.                 < div class = "title">< img src = "images/tf3_6.jpg"></div >
21.             </div >
```

```
22.              </div>
23.          </div>
24.          <div class = "pagination"></div>
25.      </div>
26.  </article>
27.  <script src = "js/jquery - 1.10.1.min.js"></script>
28.  <script src = "js/idangerous.swiper.min.js"></script>
29.  <script>
30.      var mySwiper = new Swiper('.swiper - container', {
31.          pagination: '.pagination',
32.          paginationClickable: true,
33.          centeredSlides: false,
34.          slidesPerView: 5,
35.          watchActiveIndex: false
36.      })
37.  </script>
```

链接两个外部 CSS 文件。格式如下：

```
<link rel = "stylesheet" href = "css/idangerous_swiper.css">
<link rel = "stylesheet" href = "css/slide.css">
```

⑦ 版权及联系我们内容显示区。

采用 footer 和图层实现局部布局。利用 CSS3 的转换、过渡定义此区域中的图像在盘旋时放大的效果。在一个 id 为 footer 的 footer 标记中分别插入 id 为 f1、f2、f3 的 3 个 div 标记，并在每个 div 标记中分别插入相关段落、标题和图像标记，实现联系我们、友情链接、微信公众号等区域的信息设计及底部版权区域设计，页面效果如图 C-9 所示。代码如下：

图 C-9　版权及联系我们局部页面效果图

```
1.   <footer id = "footer">
2.       <div id = "f1">
3.           <h2>联系我们</h2>
4.           <h3>太空市互联网协会</h3>
5.           <p>联系电话: 099 - 99999999</p>
6.           <p>QQ: 12345678/23456789</p>
7.           <p>邮箱: admin@tk.cn</p>
8.           <p>地址: 太空市空前街 808 号集旭广场 C 座 16 楼</p>
9.       </div>
10.      <div id = "f2">
11.          <h2>友情链接</h2>
12.          <h3>Web 技术大学</h3>
13.      </div>
14.      <div id = "f3">
```

```
15.        <h2>太空市互联网协会</h2>
16.        <img src = "images/twx3_1.jpg"/>
17.        <h3>协会官方公众号</h3>
18.     </div>
19.   </footer>
20.   <div id = "botinfo">
21.        <p>&copy;太空市互联网协会 苏 ICP 备 202201122021 号 技术支持：Web 前端工作室</p>
22.   </div>
```

（3）表现设计。

网站样式包含 3 个外部样式表和一个内部样式表。外部样式表的引用格式如下：

```
<link rel = "stylesheet" type = "text/css" href = "css/focusimage.css">
<link rel = "stylesheet" href = "css/idangerous_swiper.css">
<link rel = "stylesheet" href = "css/slide.css">
```

① 网站内部样式设置。

```
1.   * {margin: 0;padding: 0;border: 0;}
2.   #container{width: 1300px;margin: 0 auto;}
3.   /* 头部 Logo 及导航部分的样式 */
4.   #header {width: 100%;height: 65px;margin-top: 30px;text-align: center;}
5.   #logo {text-align: center;vertical-align: middle;float: left;
6.          margin-left: 125px;width: 289px;height: 65px;display: inline;}
7.   #logo img {margin: 5px auto;}
8.   #nav1 {text-align: center;height: 63px; display: inline;float: left;}
9.   #nav1 ul {list-style-type: none;margin-top: 25px;padding-left: 160px;}
10.  #nav1 ul li {float: left; font: 14px/16px 微软雅黑;}
11.  #nav1 ul li a {padding-left: 10px;padding-right: 10px;}
12.  #nav1 ul li a:active, #nav1 ul li a:visited, #nav1 ul li a:link {
13.          text-decoration: none;color: black;}
14.  /* 第一个导航 active 的默认样式 */
15.  .active a:active,.active a:link,.active a:visited {
16.          border: 1px dashed #36D9CB;}
17.  #nav1 ul li a:hover {color: #36D9CB;border: 1px dashed #36D9CB;}
18.  /* 协会动态和新闻资讯部分的样式 */
19.  #section_center {margin: 10px auto;
20.          text-align: center;color: #2969B0;margin: 0 150px;}
21.  #xh, #xw {clear: both;padding: 0;margin: 10px auto;width: 100%;}
22.  #section_center hgroup {border-top: 1px solid black;padding-bottom: 10px;
23.          border-bottom: 1px solid black; padding-top: 10px;}
24.  table {margin: 0 auto;height: 400px;text-align: center;
25.          margin-left: 150px;margin-right: 150px;}
26.  /* 设置 img 的过渡属性，很关键 */
27.  td div img, #f3 img{transition: all 0.5s;}
28.  td img {width: 248px;height: 180px;padding: 0 auto;}
29.  td p {width: 248px;font-size: 14px;color: #EEEB;
30.          text-align: left;font-family: "微软雅黑";}
31.  td div img:hover, #f3 img:hover {overflow: hidden;
32.          transform: scale(1.2, 1.2); transition: all 0.5s; }
33.  td div {overflow: hidden;display: block;}
34.  /* 设置"更多信息"超链接的样式 */
35.  .a0{height: 35px;padding: 0;margin: 0;width: 100%;}
36.  .a0 a{text-decoration: none;padding-top: 5px;width: 140px;height: 28px;
```

```
37.        padding - bottom: 5px;border - radius: 12px;font: 16px/1.5em "微软雅黑";
38.        display: inline - block;color: ＃FFFFFF;background: ＃45D2FF;}
39.  .a0 a:link,.a0 a:visited,.a0 a:active{color: ＃FFFFFF;}
40.  .a0 a:hover {background: ＃33A5C9;}
41.  /＊当鼠标在图层 move 上时表格中的所有图像均添加动画,在 Y 轴上缩放 0～1 倍＊/
42.  .move{width:100％;height: 580px;}
43.  .move:hover table td img{animation: mymoving 0.5s;}
44.  @keyframes mymoving{
45.        0％{transform: scale(0,0);}
46.        25％{transform: scale(0.25,.25);}
47.        50％{transform: scale(0.5,.5);}
48.        75％{transform: scale(0.75,.75);}
49.        100％{transform: scale(1,1);}
50.        }
51.  /＊协会联系部分的样式＊/
52.  ＃rhxx {background: ＃CCCCCC;width: 100％;height: 160px;}
53.  ＃rhxx table {margin: 0 auto;}
54.  /＊合作伙伴部分的样式＊/
55.  ＃hzhb {background: ＃F2F2F2;width: 100％;height: 272px;text - align: center;}
56.  ＃hzhb hgroup {padding - top: 30px;}
57.  /＊版权及底部信息部分的样式＊/
58.  ＃footer {background: ＃017CC3;width: 100％;height: 380px;}
59.  ＃f1, ＃f2, ＃f3 {margin: 40px 10px;float: left;width: 320px;
60.              height: 280px;color: ＃FFFFFF;padding: 15px;line - height: 2.5em;}
61.  ＃f1 {margin - left: 200px;}
62.  .rh{padding - top:10px;}
63.  .rh img {width: 50px;height: 50px;}
64.  ＃f3 {text - align: center;}
65.  ＃f3 img {width: 160px;height: 160px;margin: 20px auto;display: block;}
66.  ＃f1 h2, ＃f2 h2 {padding - bottom: 10px;
67.        border - bottom: 2px solid ＃FFFFFF;font - size: 18px;}
68.  ＃f1 h3, ＃f2 h3 {padding - top: 15px;padding - bottom: 20px;font - size: 16px;}
69.  ＃botinfo {margin: 0 ;padding: 0;clear: both;width: 100％;height: 20px;
70.              text - align: center;font - size: 14px;padding - bottom: 5px;}
```

② 网站外部样式设置。

• 纯 CSS3 焦点图样式文件 focusimage.css。

```
1.   /＊ CSS3 焦点图样式文件 focusimage.css ＊/
2.   ＊ {margin: 0;padding: 0;}
3.   html {overflow: scroll;}
4.   body,html {width: 100％;height: 100％;font - size: 12px;
5.        font - family: '微软雅黑', Verdana, Arial, Helvetica, sans - serif;}
6.   ul,ol {list - style: none;}
7.   div {height: auto;}
8.   img{display: block; border: none;}
9.   .container {text - align: center;width:100％;height: 453px;margin: 0 auto;
10.       margin - top: 20px;border: 5px solid ＃D0D0D0;overflow: hidden;}
11.  .img {width: 100％;height:100％;overflow: hidden;position: relative;}
12.  .bg {/＊ 序号显示区 ＊/
13.       width: auto;height: 20px;z - index: 99;position: absolute;
14.       left: 47.50％;bottom: 15px;}
15.  .bg_in {width: 200px;height: 20px;position: relative;}
16.  .bg_in li { /＊显示动画图像序号＊/
```

```
17.        width: 20px;height: 20px;line - height: 20px;border - radius: 20px;
18.        background: #FFFFFF;opacity: 0.5;text - align: center;color: #333333;
19.        float: left;margin - right: 10px;position: relative;z - index: 999;}
20.    .bg_in #lp {position: absolute;left: 0px;top: 0;background: #FF3C00;
21.        opacity: 1;z - index: 998;
22.        animation: myfirstArr 15.5s infinite;
23.        - webkit - animation: myfirstArr 15.5s infinite;    /* 浏览器兼容性处理 */
24.        - moz - animation: myfirstArr 15.5s infinite;
25.        - o - animation: myfirstArr 15.5s infinite;}
26.    .nav {width: 300%;height: 453px;position: absolute;left: 0px;top: 0;
27.        z - index: 9;animation: myfirst 15.5s infinite;    /* 第一帧动画 */
28.        - webkit - animation: myfirst 15.5s infinite;
29.        - 0 - animation: myfirst 15.5s infinite;
30.        - moz - animation: myfirst 15.5s infinite;
31.        overflow: hidden;                               /* 新增 */}
32.    .nav li {float: left;width:33.33333333%;            /* 列表项的长度为 ui 的 1/3 */}
33.    .nav li a img{width:100%;                           /* 新增样式,将图像放大到全屏 */}
34.    @keyframes myfirst {
35.        0% {left: 0px;}
36.        28% {left: 0px;}
37.        50% {left: - 100%;}
38.        66% {left: - 100%;}
39.        80% {left: - 200%;}
40.        99% {left: - 200%;}
41.        100% {left: - 0px;}
42.    }
43.    /*增加各类浏览器兼容性样式,在@后面 + 相应的浏览器前缀 + keyframes ,例如@ - webkit -
       keyframes myfirst { }等,帧样式相同 */
44.    @keyframes myfirstArr {
45.        0% {left: 0px;}
46.        30% {left: 0px;}
47.        50% {left: 30px;}
48.        66% {left: 30px;}
49.        80% {left: 60px;}
50.        99% {left: 60px;}
51.        100% {left: 0px;}
52.    }
53.    /*增加各类浏览器兼容性样式,在@后面 + 相应的浏览器前缀 + keyframes ,例如@ - webkit -
       keyframes myfirstArr { }等,帧样式相同 */
```

- jQuery 焦点图样式文件 idangerous_swiper.css。

```
1.    .swiper - container {
2.        margin:0 auto;
3.        position:relative;
4.        overflow:hidden;
5.        - webkit - backface - visibility:hidden;
6.        - moz - backface - visibility:hidden;
7.        - ms - backface - visibility:hidden;
8.        - o - backface - visibility:hidden;
9.        backface - visibility:hidden;
10.       /* Fix of Webkit flickering */
11.       z - index:1;
12.    }
```

```
13.   .swiper-wrapper {
14.       position:relative;
15.       width:100%;
16.       -webkit-transition-property:-webkit-transform, left, top;
17.       -webkit-transition-duration:0s;
18.       -webkit-transform:translate3d(0px,0,0);
19.       -webkit-transition-timing-function:ease;
20.       -moz-transition-property:-moz-transform, left, top;
21.       -moz-transition-duration:0s;
22.       -moz-transform:translate3d(0px,0,0);
23.       -moz-transition-timing-function:ease;
24.       -o-transition-property:-o-transform, left, top;
25.       -o-transition-duration:0s;
26.       -o-transform:translate3d(0px,0,0);
27.       -o-transition-timing-function:ease;
28.       -o-transform:translate(0px,0px);
29.       -ms-transition-property:-ms-transform, left, top;
30.       -ms-transition-duration:0s;
31.       -ms-transform:translate3d(0px,0,0);
32.       -ms-transition-timing-function:ease;
33.       transition-property:transform, left, top;
34.       transition-duration:0s;
35.       transform:translate3d(0px,0,0);
36.       transition-timing-function:ease;
37.       -webkit-box-sizing: content-box;
38.       -moz-box-sizing: content-box;
39.       box-sizing: content-box;
40.   }
41.   .swiper-free-mode > .swiper-wrapper {
42.       -webkit-transition-timing-function: ease-out;
43.       -moz-transition-timing-function: ease-out;
44.       -ms-transition-timing-function: ease-out;
45.       -o-transition-timing-function: ease-out;
46.       transition-timing-function: ease-out;
47.       margin: 0 auto;
48.   }
49.   .swiper-slide {
50.       float: left;
51.       -webkit-box-sizing: content-box;
52.       -moz-box-sizing: content-box;
53.       box-sizing: content-box;
54.   }
```

• 幻灯片样式文件 slide.css。

```
1.   /* slide.css */
2.   .device{margin: 0 150px; position: relative;
3.     height: 120px; padding: 5px 15px;text-align: center;}
4.   .swiper-container {position: relative;
5.     height: 100px; text-align: center;}
6.   .swiper-slide {height: 100%;opacity: 0.4;
7.     -webkit-transition: 300ms;
8.     -moz-transition: 300ms;
9.     -ms-transition: 300ms;
```

```
10.      - o - transition: 300ms;
11.      transition: 300ms;
12.      - webkit - transform: scale(0);
13.      - moz - transform: scale(0);
14.      - ms - transform: scale(0);
15.      - o - transform: scale(0);
16.      transform: scale(0);
17.   }
18.   . swiper - slide - visible {
19.      opacity: 0.5;
20.      - webkit - transform: scale(0.8);
21.      - moz - transform: scale(0.8);
22.      - ms - transform: scale(0.8);
23.      - o - transform: scale(0.8);
24.      transform: scale(0.8);
25.   }
26.   . swiper - slide - active {top: 0;opacity: 1;
27.      - webkit - transform: scale(1);
28.      - moz - transform: scale(1);
29.      - ms - transform: scale(1);
30.      - o - transform: scale(1);
31.      transform: scale(1);
32.   }
33.   . title img{width:145px;height: 90px;padding: 5px 10px;transition: all 0.5s;}
34.   . title img:hover{transform: scale(1.1,1.1);transition: all 0.5s;}
35.   . pagination {position: absolute; z - index: 20; left: 0px;
36.      width: 100 % ;text - align: center;bottom: 5px;height: 20px;}
37.   . swiper - pagination - switch {display: inline - block; width: 15px;height: 15px;
38.      border - radius: 10px; background: ♯AAA;margin - right: 10px;cursor: pointer;
39.      - webkit - transition: 300ms;
40.      - moz - transition: 300ms;
41.      - ms - transition: 300ms;
42.      - o - transition: 300ms;
43.      transition: 300ms;
44.      opacity: 0; position: relative; top: - 50px; }
45.   . swiper - visible - switch {opacity: 1;top: 0;background: ♯8A8A8A;}
46.   . swiper - active - switch { background: ♯FFFFFF;}
```

参考文献

［1］ 储久良. Web 前端开发技术——HTML、CSS、JavaScript[M]. 2 版. 北京：清华大学出版社，2016.

［2］ 储久良. Web 前端开发技术实验与实践——HTML、CSS、JavaScript[M]. 2 版. 北京：清华大学出版社，2016.

［3］ 储久良. Web 前端开发技术——HTML5、CSS3、JavaScript[M]. 3 版. 北京：清华大学出版社，2018.

［4］ 储久良. Web 前端开发技术实验与实践——HTML5、CSS3、JavaScript[M]. 3 版. 北京：清华大学出版社，2018.

参考网站资源

［1］ HTML5 教程. http://www.w3school.com.cn/html5/.

［2］ 当当网企业用户注册. https://login.dangdang.com/register_company.php.

［3］ 使用 HTML5 的 IndexedDB API. https://www.oschina.net/code/snippet_54100_8528.

［4］ HTML5 新特性之客户端数据库（IndexedDB）. http://www.2cto.com/kf/201605/507017.html.

［5］ 使用 HTML5 IndexedDB API. https://www.ibm.com/developerworks/cn/web/wa-indexeddb/.

［6］ CSS 参考手册. http://www.phpstudy.net/css3/.

［7］ 慕课网. http://www.imooc.com/course/list.